认清国际承包市场形势 调整战略"走出去"

美国《工程新闻记录》(ENR)杂志发布了2012年"ENR国际承包商225强"榜单。榜单显示,2011年大多数企业业绩有所回升,海外承包营业总收入达4530.2亿美元,较2010年上涨18.1%。这一优异表现部分归功于过去三年间压抑的需求反弹,不过,部分龙头企业对未来市场的走势仍然表示谨慎和担忧。综观225强业绩,不难看出国际承包工程市场正在形成新的增长点。

一、亚洲和新兴经济体市场表现突出,非洲市场下滑。从上榜企业的海外业绩表现来看,2011年度亚太和澳洲地区市场以24.8%的比重位居榜首。亚洲发展中国家建筑工业的需求不断增长,广泛吸引海外承包商的投资和建设工程。石油价格上涨为中东地区发展建筑业务重新带来巨大的商机。

二、交通石化行业领先,电信市场潜力巨大。纵观上榜企业2011年业务分布,交通领域延续2010年的排位,以1214.397亿美元营业额位居各领域榜首,占所有工程业绩的26.8%。值得一提的是电信行业,虽占总体份额比例不高,但比起上一年度增长率高达100.9%。

三、大型承包商中并购活跃。最引人注目的是2011年春,西班牙GROUP ACS公司实现了对德国龙头企业Hochtief AG公司的控股,收购后ACS将焦点放在交通运输、城市建设以及能源建设等基础设施领域。

四、"绿色经济"概念进一步深入人心。电力、供排水、污水处理等项目亦有较好的表现,这与近年来提倡的绿色环保、节能减排和发展清洁能源紧密相关。

41家中国公司入选全球承包商225强,有5家跻身前10强,中国公司依托着巨大的国内建筑市场,自身的竞争实力有了长足的发展,在规模做大方面已经走在了世界前列。尽管如此,与国际一流承包商相比,差距依然显著,中国公司更需要在做大的同时,做强我们的企业,特别是在拓展海外市场方面,更需要突破多方面的"瓶颈",及时抓住国际承包工程市场新的增长点,在做大的同时,调整"走出去"战略,真正成为世界一流的跨国承包商。

图书在版编目(CIP)数据

建造师 23 /《建造师》编委会编. — 北京：
中国建筑工业出版社，2012.11
ISBN 978 - 7 - 112 - 14887 - 5

Ⅰ.①建 … Ⅱ.①建 … Ⅲ.①建筑工程—丛刊
Ⅳ.①TU - 55

中国版本图书馆 CIP 数据核字(2012)第 273576 号

主　　编:李春敏
责任编辑:曾　威
特邀编辑:李　强 吴　迪

《建造师》编辑部
地址:北京百万庄中国建筑工业出版社
邮编:100037
电话:(010)58934848
传真:(010)58933025
E-mail:jzs_bjb@126.com

建造师 23
《建造师》编委会　编
*
中国建筑工业出版社出版、发行(北京西郊百万庄)
各地新华书店、建筑书店经销
北京朗曼新彩图文设计有限公司排版
世界知识印刷厂印刷
*
开本:787×1092 毫米　1/16　印张:8¼　字数:270 千字
2012 年 11 月第一版　　2012 年 11 月第一次印刷
定价:**18.00** 元

ISBN 978 - 7 - 112 - 14887 - 5
　　　　(22965)

CONT目录

录

本社书籍可通过以下联系方法购买：

本社地址：北京西郊百万庄

邮政编码：100037

发行部电话：(010)58934816

传真：(010)68344279

邮购咨询电话：

(010)88369855 或 88369877

《建造师》顾问委员会及编委会

建筑行业招投标制度与定价机制研究

常 健

（国家发改委，北京 100035）

摘 要：建筑行业招投标制度，是在建立社会主义市场经济条件下，维护市场公平、公开、公正交易的基本制度，在我国经历了漫长的变革过程，至今依然存在种种问题和弊端，本文就建筑行业招投标制度及核心定价机制进行研究，并提出具体建议。

关键词：建筑，招投标，定价机制

建筑行业招投标制度是在社会主义市场经济条件下，维护市场公平、公正、公开交易的基本制度。从1981年开始，经历试点、推行和逐步完善三个阶段，至今已经成为规范建筑市场的重要制度和主要交易方式。《招标投标法》自2000年颁布施行，标志着我国建筑行业步入法制轨道，对确立招标投标制度、维护招标投标市场秩序、规范招标投标行业发展发挥了关键作用。随着《招标投标法》的颁布施行，相关法规的不断完善，监督力度的逐渐加大，建筑市场一定会健康发展。

改革开放以来，建筑行业由计划经济向社会主义市场经济过渡，经过一系列探索与变革。30多年来，尽管建筑行业不断进行改革，但我国绝大部分工程的投资主体还是国家的基本格局尚未改变，在工程建设中，投资管理、组织建设与实施管理、监督管理、工程使用单位四位一体现象仍很严重。一方面造成了"三超"（即概算超估算、预算超概算、结算超预算）现象普遍存在；另一方面，还给各方管理者利用职权，贪污腐败创造可乘之机，扰乱了建筑市场的秩序，败坏社会风气。建设项目的投资管理、组织实施管理和建设监管同位一体的管理体制，如同既当运动员又为裁判员，比赛规则制定与判罚的公正性和透明度难以保证。由于我国法制还不够健全、政府管理体制还不完善，虽然已经出台《招投标法》，但是各地的配套法规与实施办法尚未出台，这直接造成了许多工程没有按法规办事。近年来，招标投标行业出现诸多新情况和新问题，《招标投标法》的有些规定

显得较为原则，不能很好地满足招标投标市场发展的需要，而仅仅依靠颁布于12年前的《招标投标法》来规范和解决这些具体问题，就显得原则性有余而操作性不足。在实践中，有些"聪明人"开始仔细研究如何在法律没有明确规定的空隙中找出获得利益的途径，行业中的"潜规则"也就应运而生。如：招标人想方设法限制其他投标人参与投标，对于法律没有明确的工程内容私下自行选定承包人，想办法规避招标或者搞"明招暗定"的虚假招标、部分人利用权力插手干预招标投标过程和结果、招标投标活动当事人互相串通围标买标卖标、利用投标"掮客"撒网投标、借用他人名义投标、非法转包、层层转包分包等违背《招标投标法》宗旨的行为频频出现，其中不乏堂而皇之地进行操作而能够逃避法律惩治的行为和个人。如何治理和打击这些不良行为成为摆在政府和行业面前的一件大事。2012年2月1日正式实施的《招投标法实施条例》，对于分清招标、投标、监督等各部门责任、权利与义务，对于贪污腐败不良行为的惩治有明确的定义与说明，在某种意义上，对于规范建筑业招投标市场，构建良性发展的社会主义市场经济体制具有极大的促进作用。

一、《招投标法实施条例》的实施效果

1.在法律制度上完善招投标法

《实施条例》的颁布实施，进一步细化和明确了《招标投标法》的相关要求，可以有针对性地解决实践中存在的突出问题。在程序与运行管理上，首先是

规范招标行为,避免实践中存在虚假招标和规避招标,偏袒和歧视招标人,操纵评标委员会,与招标人串通等现象。其次是规范投标行为,限制影响公平竞争的组织和个人参加投标,细化某些串通投标、以他人名义投标、弄虚作假等投标行为的认定标准。三是规范评标行为,评标必须由评标委员会负责,而且意见是决定性的,从实际执行情况来看存在一些问题。专家也是食人间烟火的,也会受到一些不良行为的影响,所以对于评标行为如何规范也是《条例》的重点。要严格细化评标的要求,第一要赋予评标专家一些必要的权力,特别是要给公正评标提供必要的条件;第二对专家的评标提出明确的要求,明确应用废标的情形;第三要完善评标的程序,把招标从初评到详评到最后评标,用不同程序完善起来,形成一个严格规范的可操作的程序。

有形建筑市场围绕推行公开、公平、公正竞争方式,以创新的精神,针对在招投标活动中的新情况、新问题,不断改进招投标方式,遏制违法违规行为。

2.从监管机制上维护招投标法

严格规范招标代理机构的执业行为,突出解决规避招标、串通投标、明招暗定等违法违规行为。加强对全部使用国有资金投资,以及国有资金投资占控股或者主导地位的房屋建筑工程项目和市政工程项目招标投标活动的重点监督管理、中标项目的后期跟踪管理。对现有的评标专家库中不足的专业及人员进行及时的补充和调整;对评标专家库中的评标专家实行动态管理和清除制度。整合利用好有形建筑市场资源,重新进行核查,实行分类管理;依法应招标的政府投资和使用国有资金项目的勘察、设计、施工监理及重要材料设备采购,必须进入有形建筑市场进行交易。提高省级招标代理机构的执业水平,健全合同履约监管机制,完善工程项目招投标投诉的长效机制,选取资深评标专家设立"招标投标投诉复议专家库",建立典型案例分析制度。

3.从工作机制上杜绝腐败

认真研究新情况、新问题,不断解决工程项目招标投标中存在的规避招标、明招暗定、暗箱操作等深层次问题。同时,探索建立建设工程招投标惩治和预防腐败体系绩效测评工作机制,深入研究建设工程招投标违规违法案件的特点、规律,提出防治对策措施。

4.从队伍建设上提高招投标水平

随着招投标活动的不断深入和招标范围的不断拓展,评标工作已成为招标投标活动中的重要环节,而评标专家作为评标工作的主体,其职业道德、专业水平和法律意识等因素直接影响到评标工作的质量,特别是在技术标的评审过程中,由于专家个人的主观因素占的比重相对较大,往往直接影响到评标结果。因此,建立一支综合素质高、业务能力强的评标专家队伍,对保证评标活动的公平、公正,对保护国家利益、社会公共利益和招标投标当事人的合法利益,对提高投资效益,都具有重要的意义。因此,要做好对建设工程评标专家、建筑业企业人员、合同管理和招投标监管机构人员的法律、法规和业务技能的培训工作。

二、招投标核心在于定价机制

长期以来,我国的工程造价管理按照传统的定额模式进行计价,实行的是与高度集中的计划经济相适应的概预算定额管理制度。建设工程概预算定额管理制度曾经对工程造价的确定和控制起过积极有效的作用。随着我国对外经济的开放及与国际经济的逐步接轨,使得概预算定额管理制度与市场经济的发展越来越不相适应。20世纪90年代以后,我国就如何建立符合社会主义市场经济体制的工程造价管理模式展开了积极的探索,为适应建设市场经济体制改革的要求,针对工程计价中存在的问题,按照"控制量、指导价、竞争费"的思路进行了工程造价改革,工程造价管理由静态管理模式逐步转变为动态管理模式。但随着建设市场的发展,这一模式又明显滞后,因为工程预算定额是按照不同地区、不同企业的平均水平制定的,以此为依据形成的工程造价基本上属于社会平均价格。这种平均价格可作为市场竞争的参考价格,但不能充分反映参与竞争企业的实际消耗和技术管理水平,在一定程度上限制着企业的技术进步和管理水平的发挥,体现不出招投标活动中"公开、公正、公平"的竞争原则。因此对现行工程计价方式和工程预算定额进行更深入的改革势在必行。实行工程量清单计价将改革以工程预算定额为计价依据的计价模式,逐步形成"市场形成价格、企业自主定价的新格局"，把工程计价的权利真正交给企业、交给市场。可以说，实行工程量清单计价模式是市场经济的必然产物。

三、传统定额模式与工程量清单计价模式的区别

工程量清单计价方法是指在建设工程招标投标中，招标人按照国家统一的工程量清单计算规则提供工程数量，由投标人依据工程量清单自主报价，并按照经评审低价中标的工程造价计价方法。工程量清单计价模式与传统定额模式有本质的区别，主要表现在以下几个方面：

(一)计价依据的属性及特点不同

在传统定额模式中，国家是计价的主体，是以法定的形式进行工程造价管理的，而与价格行为密切相关的建筑市场主体——发包人和承包人，却没有决策权和定价权。建筑产品价格普遍采用"量价合一"的静态管理模式，即通过工程预算定额确定建筑产品价格。而定额是指在正常施工生产条件下，完成一定计量单位产品的人工、材料、机械和资金消耗的规定额度，尽管消耗量标准是依据施工规范、典型工程设计、社会平均水平等方面因素制定的，但最大的弊端是政府相关部门对各种价格、管理费及利润率的确定与市场经济的发展及企业体制改革的发展相脱节。我国虽有统一的国家基础定额，但具体的预算定额由各地区、各部门自行制定，使地区与地区之间、部门与部门之间、地区与部门之间产生管理口径不统一，计价行为不规范，难以相互沟通的局面。市场竞争机制受到了制约，更难与国际通用规则相衔接，制约了对外开放和国际工程承包的开展。这种计价模式既不能及时反映市场价格的变化，也不能反映企业的施工技术和管理水平，影响了发包人投资的积极性，剥夺了承包人生产经营的自主权。工程量清单计价模式中，国家在统一的工程量计算规则、统一的分部分项工程项目名称、统一的计量单位、统一的项目编码的原则下，编制《建设工程工程量清单计价规范》，作为强制性标准在全国统一实施，但不是计价的主体，在具体的计价过程中，招标人依据工程施工图纸、按照招标文件要求，以统一的计价规范为

投标人提供工程实物量清单和技术措施项目的数量清单；投标人根据招标人提供的统一量和对拟建工程情况的描述及要求，结合项目、市场、风险以及本企业的综合实力自主报价。这种计价模式把过去预算定额中规定的施工方法、消耗量水平、取费等改由施工企业来确定，实现建筑产品价格市场化。从根本上改变了量价合一的传统预算定额制度，为工程造价走向市场化奠定了基础。

(二)价格的形成方式不同

在传统定额模式下，由于价格采用由政府统一定价、统一以价格指数的形式来进行调整的静态管理方式，投标人在编制投标报价时难以根据企业自身的实际情况、市场价格信息等因素自主定价。工程建设的特点之一就是构成工程实体的消耗部分是由工程设计决定的，但施工方法、手段则可以是多种多样的，应由承包人自行决定。然而传统定额模式将工程实体消耗与施工措施性消耗捆在一起，使技术装备、施工手段、管理水平等本属于竞争机制的个体因素固定化了，不利于承包人优势的发挥，难以确定个体成本价。在工程量清单计价模式下，打破了过去价格由政府统一定价的静态管理模式，招标人在编制工程量清单时将实体消耗与措施性消耗分开，投标人在编制投标报价时能够依据企业定额消耗量或参照国家预算定额消耗量、市场价格信息等各种要素，结合企业的具体实力、技术装备、施工手段、管理水平等自主定价。

(三)招投标形式不同

《价格法》规定了三种定价方式，即政府定价、政府指导价和市场调节价。在传统定额模式下，由于价格改革没到位，在招投标活动过程中，标底(控制价)及投标报价都是按照现行预算定额和费用定额进行计算的，投标过程中，标底(控制价)成为一个基准价，在一定的幅度范围内作为判断投标报价有效性的标准。可以看出，在传统定额模式下计算出来的施工承发包价格是政府指导价。实行工程量清单计价模式从根本上改变传统定额模式下投标报价套用预算定额和费用定额进行计算的计价办法，而成为由投标企业根据竞争需要、自身实力和特定的需求目标自主确定管理费和利润水平，通过竞争的方式以

合同的形式来确认工程造价的定价方式。这一价格本质上不同于定额模式下通过层层计算得出的价格，也不同于"一方愿卖一方愿买一拍即成"的简单的市场交易行为，它既不是投标人任意定价，也不是招标人自由出价，而是在一定市场规则的引导下，通过报价竞争，由社会加以确认的市场调节价。

四、实行工程量清单招标的优越性

实行工程量清单计价是建立公开、公正、公平的工程造价计价和竞价的市场环境，逐步解决定额计价中与工程建设市场不相适应的因素，深化建设工程招标投标工作的改革措施，实行建立在工程量清单计价模式上的招投标制度具有很强的优越性。

(一)充分引入市场竞争机制，规范招标投标行为

1984 年 11 月，国家出台了《建筑工程招标投标暂行规定》，在工程施工发包与承包中开始实行招标制度，但无论是业主编制标底，还是承包商编制报价，在计价规则上均未超出定额规定的范畴。这种传统的以定额为依据、施工图预算为基础、标底为中心的计价模式和招标方式，使得原本想通过实行招投标制度在施工承发包过程中引入竞争机制的作用，由于建筑市场发育不成熟和监管不到位等因素而没有完全发挥出来。由于价格是由政府确定的，因此投标报价的竞争往往变成企业间预算人员水平的较量，同时容易诱导投标单位采取各种不正当手段来谋取中标，严重阻碍了招投标市场的规范化运作。实行工程量清单招投标就是把定价权交还给企业和市场，淡化定额的法定作用，在工程招标投标程序中增加"询标"环节，让投标人对报价的合理性、低价的依据、如何确保工程质量及落实安全措施等进行详细说明。通过询标，不但可以及时发现错、漏、重等报价，保证招投标双方当事人的合法权益，而且还能将不合理报价、低于成本报价排除在中标范围之外，有利于维护公平竞争和市场秩序，又可改变过去"只看投标总价，不看价格构成"的现象，排除了"投标价格严重失真也能中标"的可能性。评标过程中由于制定了合理的衡量投标报价的基础标准，并把工程量清单作为招标文件的重要组成部分，既规范了投标人计价行为，又在技术上避免了招标中弄虚作假和暗箱操作，从而规范了建设工程招投标行为市场。

(二)实现量价分离、强调风险分担，促进各方面管理水平提高

实行工程量清单招标以后，招标人按照国家统一的工程量计算规则提供工程量清单，必须编制出准确的工程量清单，并承担相应的风险，投标人则必须对单位工程成本、利润进行分析，统筹考虑、精心选择施工方案，并根据企业的施工定额合理确定人工、材料、施工机械等要素的投入与配置，优化组合，合理控制现场费用和施工技术措施费用，确定投标报价，因此，投标人必须承担价的风险。由于成本是价格的最低界限，当投标人减少了投标报价的偶然性技术误差时，就有足够的余地选择合理标价的下浮幅度，掌握一个合理的临界点，即使报价最低，又有一定利润空间。通过风险的合理分担促进各方面管理水平的提高。

(三)增强招投标过程的透明度，淡化标底的作用

过去的招投标工作中存在着许多弊端，导致腐败的滋生。有些工程，招标人也发布了公告，开展了登记、审查、开标、评标等一系列程序，表面上按照程序操作，实际上却存在着出卖标底，互相串标，互相陪标等现象。有的承包商为了中标，打通业主、评委，打人情分、受贿分；或者干脆编造假投标文件，提供假证件、假资料；甚至有的工程开标前就已暗定了承包商。

实行工程量清单招标，避免了工程招标中的弄虚作假，暗箱操作等违规行为，有利于廉政建设和净化建筑市场环境，规范招标行为，并消除因工程量不统一而引起的标价上的误差，可以从细节上衡量投标企业的作价水平及其合理性，有利于正确评标。工程量清单招标和评标实质上是市场确定价格的过程，通过淡化标底的作用，使标底不再成为中标的直接因素，并取消标底审核这一环节，将标底定为控制价，并在招标时公开。控制价的作用只作为投标单位编制投标报价时参考的上限标准，只要投标价高于控制价就不能成为中标单位，从而起到政府宏观调控的作用。这样就消除了编制标底给招标活动带来的负面影响，彻底避免了标底的跑、漏、靠现象。工程量清单和控制价的公开，提高了招投标工作的透明度，为承包商竞争提供了共同的起点，使招投标过程真正做

到了符合"公开、公平、公正和诚实信用"的原则。

(四)缩短招标周期、提高社会效益

实行工程量清单招标，充分发挥招标人所编制的工程量清单的作用，避免了招标方、审核方、投标方重复计算工程量。节省大量的人、材、物，同时缩短招标时间和投标报价编制时间，克服由于工程量计算误差所带来的负面影响，准确、合理、公正，便于招标、投标及评标实际操作。

(五)加快改革开放步伐，引入国际竞争机制

在国际上承包工程合同的订立方式通常有固定总价合同、固定单价合同、成本加酬金合同和统包合同等几种。固定总价合同通常是通过投标商的竞争来决定工程的总价，即业主与承包单位按固定不变的工程造价进行结算，不因工程量、设备、材料价格、工资等的变动而调整合同价格。其缺点是往往由于承包单位要承担工程量与单价双重的风险，因此要价较高。固定单价合同即在整个合同期间执行同一合同单价，而工程量则按实际完成的数量结算，也就是量变价不变合同。成本加酬金合同即工程成本实报实销另加一笔支付给承包商的酬金。目前，固定单价合同形式国际上采用最为普遍，《国际通用土建工程合同条件》中也作了量可变而价一般不变的规定："对承包商来说，工程量可按实调整，而综合单价不变，当发生非施工方原因或设计变更等因素造成实际完成的工程量与合同中的工程量出入较大，承包商可以要求调整相应工程量，而保持单价不变。工程量清单招标正是符合单价合同的要求，是招标制度和造价管理与国际惯例接轨的必然发展"。

五、工程量清单计价模式在招标投标过程中的运作

工程量清单的招投标模式一般采用综合单价法，即工程量清单分项的单价综合了人工费、材料费、机械费、管理费、利润并考虑风险因素。而其他一些费用如施工组织措施费、工程担保费、保险费等则列入其他报表。在清单模式计价的招标投标活动中，确定价格应遵循两个基本原则，一个是合理低价中标，另一个是要不低于个别成本价。合理低价就是工期合理且最短，施工组织设计的方案足以保证工程

质量，施工措施先进合理、可靠且最佳，投标报价在合理的前提下能足以保证工程的顺利完成且最低。成本价是指投标人的个别成本，在评标过程中投标人应就评标委员会对投标人拟采取实现低报价的措施进行评审答辩，评委认为是合理的，是可以实现的，则可认为其低报价是不低于其投标人的个别成本，评标时才认为有效。

1.工程量清单的编制

工程量清单一般由业主在招标文件中提供，作为承包商计算投标报价的依据，是表现拟建工程的分部分项工程项目、措施项目、其他项目名称和相应数量的明细清单。包括分部分项工程量清单、措施项目清单、其他项目清单。工程量清单的用途主要包括两方面，一方面为投标人提供了一个共同参与竞争的投标和作为工程合同价款签订的基础；另一方面可用于工程实施过程中由于工程设计变更或处理索赔时确定新项目的价格时可选用或参照的基础。所以编制工程量清单时要注意将不同等级要求的工程分开；将同一类型但不属于同一部分的工作内容区分开；将具体情况不同，可能要进行不同报价的项目分开。

2.投标报价的编制

投标报价一般由各投标单位按招标文件中的工程量清单中的每个项目进行认真分析，并结合当时市场的材料价格、劳务行情和自身企业的管理体系，结合工程施工的难易程度、地段的好坏、环境的优劣、工期质量的要求、文明施工的考虑、创优的计划、其他各种风险因素进行报价。因此投标单位的各种投标实力、投标策略都能相应地体现在报价上，从而真实地反映出工程的实际成本。所以各企业应该建立自己的企业定额体系，建立可靠的材料、设备价格询价和比价渠道。组织专人负责进行企业自身的招标报价资料和已完工竣工资料积累，也包括对竞争对手资料的收集和积累，还可以建立计算机数据库，建立企业内部定额体系或报价体系。这样就可以保证在投标报价编制的过程中能迅速确定企业认可的工程实际需要成本，以便采取一定的报价策略进行报价。

3.评标、定标

如何评定投标报价是否底于成本控制投标报价

低于成本是针对目前存在的压低标底价和低于成本报价等不规范行为,防止由于过低的成本报价中标导致偷工减料、工程质量低劣现象发生。招标投标法和国家发改委等七部委发布的《评标委员会和评标方法暂行规定》都提出了不低于成本投标报价的评定原则。这里的成本是指企业的个别成本。通过"合理低价中标"原则选择所有投标人中报价最低但又不低于成本的报价,评标委员会针对每个分项进行认真分析并对投标报价是否能保证工程质量,是否有偷工减料的倾向,是否有恶意压价的可能,是否采用新工艺、新材料、新方法等方面判断是否低于成本后再得出结论。要求评标委员会在保证质量、工期和安全等条件下,根据《招标投标法》和有关法规,择优选择技术能力强、管理水平高、信誉可靠的承包商承建工程,既能优化资源配置,又能提高工程建设效益,力求工程价格更加符合价值基础。

六、实行工程量清单招标过程中急需探讨的问题

工程量清单项招标适应了市场经济的需要,对招投标机制的完善和发展起到积极的推动作用。但是仍有不少问题需要探讨。这主要表现在价格的制定和管理上。投标报价是竞争的核心,但是在清单的计价方式上,仍难以从计划经济的计价模式中脱胎换骨,存在着与市场竞争机制和价格调节机制不相一致的地方。需要研究和探讨的有以下几个问题:

1.预算定额的项目划分。目前,预算定额对于项目的划分过细、过于繁琐,不适应工程量清单招标清单列项相对较粗的要求,会造成编制工程量清单和投标报价上仍过分依赖定额,在量和价的计算上统得过死、过细。因此,需要相应地改进定额项目划分的规定及其工程量计算规则,做到既简化分部分项又能统一计算规则,使其更有利于工程量清单招标的发展。

2.必须重视工程量清单编制工作的精确性、严肃性。实行工程量清单计价改革后,特别容易出现工程量编制单位放松工程量清单的编制质量的情况。因此必须重视工程清单编制工作的精确性和严肃性,加强对工程量清单编制单位行为的规范,制定规范

的工程量清单格式要求,对必须包括的内容予以一定的强制性;同时建立标前核对清单制度,投标人对招标人提供的工程量清单在开标前进行核对,如有疑义时,可以在开标前就工程量清单向招标人提出书面疑问,招标人复核后对工程量清单中的漏项在有误差的项目应及时加以更正,并以书面的形式及时分发给各投标单位,保证招投标双方的合法利益。一旦中标,除非有设计变更,工程量清单将不予调整,这样既提高了工程量清单的准确度,又堵住中标后任意修改工程量的漏洞,有利于竣工结算的进行。

3.极力推行企业施工定额,建立、完善企业自主定价机制。应积极扶持先进企业根据工程量清单计价规范的相关规定,针对市场的变化建立和完善企业定额,使企业能根据市场条件的变化不断地调整优化企业内部结构,来适应市场,发展自己,由市场形成价格。工程造价管理部门在依照法律、法规的前提下,通过宏观调控积极引导和监督市场的计价行为,并依法采取可行的方式来控制建筑市场中恶性竞争的发生,防止低于成本价中标,以保证工程质量、等级要求,同时防止串通投标引起的高价中标行为的发生。

4.必须建立起一套科学、合理的评标定标办法。要体现招投标的公平合理,评标定标是最关键的环节,目前国内还缺乏这样一套评标办法,一些业主仍单纯看重报价高低,评标过程中自由性、随意性大,规范性不强;评标中定性因素太多,定量因素太少,缺乏客观公正;开标后议标现象仍然存在,甚至把公开招标演变为透明度极低的议标。必须在国有的法律、法规基础上,参考国外先进经验建立起一套公正合理、科学先进、操作准确的评标定标方法来与之相适应,这样才能杜绝建设市场可能的权钱交易,堵住建设市场恶性竞争的漏洞,净化建筑市场环境,确保建设工程的质量和安全,促进我国有形建筑市场的健康发展。

总之,工程量清单计价是建筑市场发展的必然趋势,是市场经济发展的必然结果,也是适应国际、国内建筑市场竞争的必然选择,它对招标投标机制的完善和发展、建立有序的建设市场公平竞争秩序都将起到非常积极的推动作用。⑤

市场营销之房屋建筑和基础设施异质性初探

胡晓宁

（中国建筑股份有限公司基础设施事业部，北京 100044）

建筑施工行业房屋建筑和基础设施市场营销（后文简称：房建和基础设施市场营销）是一门融房建和基础设施经营管理学与市场营销学为一体的交叉学科。这一特征在说明施工企业房屋建筑和基础设施市场营销研究重要性的同时，也说明对这一领域进行理论研究的难度较大。本文对营销理论在房屋建筑和基础设施市场营销中的运用进行了初探，以求对建筑施工行业房屋建筑和基础设施的营销活动提供有益的参考和借鉴。

1 建筑施工行业房屋建筑和基础设施市场营销界定

1.1 房屋建筑和基础设施市场营销概念

1.1.1 房屋建筑市场营销概念

就建筑施工企业而言，就是企业要估计业主对某项工程产品或服务的购买力，并将其转化为有效需求，还要将项目或服务交到用户的手中。把所有这些营业活动组织起来并加以指导，以实现企业确定的利润目标或其他目标，这就是市场营销的职能范围。

1.1.2 基础设施市场营销概念

通常来讲，基础设施市场营销，是从基础设施工程信息的获得到公关、跟踪、投标书的编制、合同签订、项目施工、竣工交付、售后服务等以达成建设单位对建设工程项目有效认可的系统工程。但随着资本的介入，基础设施市场营销已从单向的买方市场转向买方、卖方均力的市场（即业主和施工企业含其他出资方均等力量），其市场营销概念也更加广义。可以理解为：在一般的基础设施市场营销基础

上增加了投融资建造、代建等新型模式，营销含义和方式也发生变化。

基础设施工程一般指：铁路、路桥（公路、桥梁、隧道、市政道路等交通工程）、环保水务（城市给排水、污水处理及其他环保工程）、市政（除市政路桥和水务外的其他市政工程）、石油化工工程、电力工程（热电、核电、水电等）、机场工程、轨道交通（地铁、轻轨）、能源储备等。

1.2 房屋建筑和基础设施市场营销特征

1.2.1 房屋建筑市场营销特征

（1）营销战略：市场布局、市场定位、市场细分、差异化竞争、竞争对手研究、营销策划等。

（2）价格策略：相对灵活。成本测算、报价策略、方案编制、决策定价、拟派项目班子、报标、答辩、询价等。

（3）营销渠道：人脉关系、客户管理与维护、品牌推介、业绩展示、考察接待等。

（4）建造模式：业主方出资、合同价+变更补差、按工期保质保量交付实物。

（5）营销的几个主要环节：

①项目信息管理

a.管理职责：企业市场部。

b.信息渠道：政府投资规划；行业协会；投资商、开发商；政府投资平台；设计单位；规划部门、招商部门；国内外大型总承包企业、代建单位；交易中心、招标广告、信息发布会。

c.信息的分析与筛选：业主的基本情况、工程的基本情况、竞争优劣势。

②市场布局、市场定位、市场细分：根据各自企

业实际情况进行布局、定位、细分,一般认为市场跟着投资导向走。

③差别优势策划

项目营销工作整体策划;入围及资格预审策划;业主考察安排策划;投标组织策划;项目经理答辩策划;差别优势策划;公共关系策划;招标文件竞标规则策划等。

④差异化体现

企业综合实力的差异;产品业绩的差异;企业文化的差异;成本的差异;服务能力的差异;管理水平、技术水平的差异;营销能力、营销手段的差异等。

⑤营造竞标规则差异化

在条件许可的情况下,在资格预审、招标文件、招投标流程及关键节点的设计上,与招标各方建立有效的沟通,使竞标规则对己方相对有利,营造差异化优势。

⑥资格预审

资格预审条件的设置及审查结果将直接影响项目承包权的竞标态势及结果。

资格预审的程序:资审准备→接收资审文件→成立资审组→组织资源→资审工作准备会→编制资审工作计划→提交资审文件。

⑦投标程序:投标文件编制→熟悉投标文件→整理投标质疑→参加答疑会→投标策划会→投标决策→投标文件评审→投标文件成稿→投标文件签署→投标文件装订、密封→开标和询标→递交投标文件→开标会议→议标、询标→投标文件调整记录表。

1.2.2 基础设施市场营销特征

(1)基础设施招投标项目与房建营销大同小异(如铁路等),不同之处在于业主相对固定,客户管理及长期维护是重中之重。

(2)投融资建造项目营销:

营销战略:项目精心筛选,了解地方政府财政、实力,政绩迫切性,地方近期规划,与地方政府签订战略合作协议,客户管理、维护;

价格策略:懂金融、能贷款、有担保、守法律、避风险、保回购、高盈利等;

营销渠道:高层介入,战略联盟、股权合作等;

建造模式:投融资带动施工总承包(BT、BOT)、

代建制、EPC等。

(3)投融资建造项目实施过程有以下特点和注意事项:

a.BT合同多用《政府采购法》,但不能完全规范融投资建造类投资行为。

b.易受政策影响:原可用土地抵押贷款,银监会2011年第34号文又规定"土地抵押贷款违反现有法律"。

c.主要运作模式:设立项目公司(投资人具备施工资质);设立项目公司的二次招标模式(不具备施工资质)。

d."两招并一招":投资方具备投融资+施工总承包;所成立的项目公司负责筹措建设资金,履行业主职能,但不参加施工。

e.投融资建造方要求回购方(项目真业主)要有担保方。

f.由注册的项目公司向银行或其他机构融资。

g.项目完成后,回购方定期回购,支付建造方财务费用。

h.项目合法性:项目报告须得到相关管理部门批准。

规划许可(规划局)、环评(环保局)、用地许可(土地局)、预可研、可研(发改委)、初步设计及概算文件(发改委)。

i.采购手续合法:政府投资与支付程序齐全,政府工作报告、同级人大通过。

j.担保:股权,银行担保,土地使用权抵押,实物抵押,优质公司信用担保人。

k.回购担保。

l.融资:债务融资(银行、第三方委托贷款、信托方式);股权融资(增资护股)。

m.土地置换(招拍挂溢价返还):减税、减免市政配套费。

2 房屋建筑和基础设施市场营销异质性分析

2.1 营销战略异质性分析

2.1.1 房屋建筑营销战略

着重市场布局、市场定位、市场细分、差异化竞

争、竞争对手研究、营销策划等;营销区域相对固定,区域内游戏规则相对固定。

(1)布局定位实际上也是一个市场细分的问题,要根据企业资质、成本、文化、实力等要素来确定,企业的布局定位是企业的长期战略目标,一般不宜做大的变动,除非市场导向有变,但可适当微调。

角色定位:本区域主人、主力,研究竞争对手。

(2)差异化竞争策略:合理低价;利用长期区域优势,维护地方政府、招标办、招标代理的公共关系;顾客关系管理(CRM);与设计院、高校保持良好渠道;干好本区域项目;发挥资质特长,营销策划。

(3)建立营销体系,发挥团队作用。

(4)重点客户实施重点营销战略,对忠诚客户要有长期的战略政策,要实施系统化的营销工作,让业主内部从上到下都成为我们的忠诚客户。

(5)提升自身实力,扩大资质范围和等级。

2.1.2 基础设施营销战略

精心筛选项目,了解地方政府财政、实力,政绩迫切性,地方近期规划,客户管理、维护。

差异性市场营销战略适应国家在基础设施领域的投资体制改革和工程承包体制变革,探索投融资建造等运作方式,提升装备实力,从而实现以资本、技术和管理带动传统施工。

(1)项目精心筛选。

(2)了解地方政府财政、实力,地方近期规划。

(3)整合资源,优势共享:信息、网络、业绩、营销力量、资质、人才和技术、财力。

(4)高层介入,战略联盟:把重视与建设主管部门对接的经验和做法,应用到对接交通、市政、电力、水务等行业主管部门,客户管理、维护。

(5)银企合作,高端竞争:随着基础设施投资建设模式的变革,资金工具已成为赢得竞争的最有力手段。加强与银行的合作,拓宽融资渠道,与大财团合作,国家开发银行作为国家政策性银行,有其他银行不可比拟的特殊优势。

2.2 价格策略异质性分析

(1)房屋建筑价格策略——相对灵活。成本测算、报价策略、方案编制、决策定价、拟派项目班子、报标、答辩、询价等。

(2)基础设施价格策略——政府制约。懂金融、能贷款、有担保、守法律、避风险、保回购、高盈利等。

2.3 营销渠道异质性分析

(1)房屋建筑营销渠道:人脉复杂,过程繁琐,客户管理与维护、品牌推介、业绩展示、考察接待等。

(2)基础设施营销渠道:人脉简单,过程综合要求高,高层介入、战略联盟、股权合作等。

2.4 模式异质性分析

(1)房屋建筑模式——投标、项目组、业主资金,业主方出资,合同价+变更补差,按工期保质保量交付实物。

(2)基础设施模式——谈判、注册项目公司、业主不拿资金,施工验收合格后回购或以土地招拍挂土地出让,溢价分成(减免税费等),投融资建造带动施工总承包(BT、BOT)、代建制、EPC等。

3 中建总公司房屋建筑和基础设施市场发展现状

3.1 中建总公司房屋建筑市场发展现状

中国建筑是全球最大的住宅工程建造商和中国最大的房屋建筑承包商,中国专业化经营历史最久、市场化经营最早、一体化程度最高的建筑企业集团之一,是中国建筑业唯一拥有房建、市政、公路三类特级总承包资质的企业。中国建筑具有各类高等级建筑业各类资质727个,其中施工总承包特级资质18个,是中国各类高等级专业资质及特级资质最多的建筑企业集团。

2010年房建业务合同额6 326亿元、占新签合同总额的78.9%,同比增长96.7%;房建业务营业收入2 654亿元,占营业收入总额的71.7%,同比增长47.5%。

截至2010年底,获得鲁班奖150项,鲁班工程参建奖159项,在全国同行业中排在首位。

从新中国成立初期至20世纪70年代,承建了一汽、二汽、大庆炼油厂等国家重点项目;20世纪80-90年代,在深圳国贸大厦和地王大厦建设中创造了载入中国建筑史册的"深圳速度";进入 21 世纪以来,承建了"中国第一高楼"上海环球金融中心、美国《时代》杂志选为"建筑奇迹"的中央电视台新址、北京奥运会主场馆之一的国家游泳中心（又称"水立方"）、广州的华南第一高楼珠江新城西塔等地标性工程项目。

3.2 中建总公司基础设施市场发展现状

起步晚、站位高、引领强、发展快、效益好。

"十一五"期间,中建集团基础设施业务呈现出"集团化、综合化、可持续"的发展态势。基础设施事业部重新设置之前,基础设施业务在各二级单位附属于房建业务,二级单位没有相应的组织机构,发展规模较小,专业队伍不健全,设备配置差,竞争力较弱。2006 年重新设置了基础设施事业部,基础设施业务归口基础部管理,完善了中建股份基础设施业务组织体系、营销体系、施工体系和管理体系,集团化、综合化、可持续发展初步体现。同时,与吉林、湖北、新疆、湖南、广西、青海、河北、天津、云南、贵州等十余个省市的几十个城市和地区建立长期战略合作关系;带动工程局、专业公司持续发展。

高端对接和战略合作,以股份公司为主体,以基础设施事业部为对接机构。市场营销方面,充分重视二级机构的"地缘优势"和股份公司的"品牌优势"结合,组织联合营销团队,带动成员企业前期参与、过程收益、履约深入。这种"引领"模式,有力夯实了与"大业主"的人际、情感、资金、技术等联系,形成与大业主长期合作,滚动发展的局面。基础设施部大部分项目,都是"事业部+二级机构"协作营销模式运作成功的。

2012 年,基础设施业务工作的主题是:管理年+创新年。基础设施业务工作重点:

(1)确保发展速度和规模增长目标不动摇:新签合同额 1 600 亿元;营业收入 1 000 亿元;利润 40 亿元。

(2)确保高端突破和高端市场占有再上新台阶:100 亿元以上大项目"保一争二",50 亿元以上大项目"保三争五",30 亿元以上大项目"保五争十",为全集团基础设施业务市场拓展提供强劲的拉动力,为全集团基础设施业务的人才,技术和管理进步提供广阔高端的历练平台。

(3)确保融投资建造业务模式和能力塑造再上新台阶,以融投资建造业务的深度创新和能力培育为重点,确立与基础设施业务市场形势相适应的融投资建造能力。

(4)落实结构调整战略优化基础设施产业布局:巩固提升铁路、公路、市政等交通业务,完成中建交通集团重组;加快在水工领域的发展,组建中建水工集团;快速适应中央加强水利建设的历史机遇,组建

房屋建筑与基础设施市场营销异质性对比表

异质性 \ 营销项目	房屋建筑	基础设施	备 注
营销战略	着重市场布局、市场定位、市场细分、差异化竞争、竞争对手研究、营销策划等;营销区域相对固定,区域内游戏规则相对固定	项目精心筛选,了解地方政府财政实力,政绩迫切性,地方近期规划,与地方政府签订战略合作协议,客户管理、维护	房建:布局、差异化、相对固定,营销策划。基础设施:政府、高层、战略合作、长期客户
价格策略	相对灵活。成本测算、报价策略、方案编制、决策定价、拟派项目班子、报标、答辩、询价等	政府制约。懂金融、能贷款、有担保、守法律、避风险、保回购、高盈利等	房建:成本、方案决策。基础设施:政府、投融资风险、回购
营销渠道	人脉复杂,过程繁琐,客户管理与维护、品牌推介、业绩展示、考察接待等	人脉简单,过程综合要求高,高层介入,战略联盟、股权合作等	房建:过程、推介、公关。基础设施:高层、资本,合作
建造模式	投标、项目组、业主资金、业主出资,合同价+变更补差,按工期保质保量交付实物	谈判、注册项目公司、业主不拿资金、施工验收合格后回购或以土地招拍挂土地出让,溢价分成,投融资带动施工总承包（BT、BOT）、代建制、EPC 等	房建:投标价格、过程变更,工期、质量安全。基础设施:条件谈判,投融资、回购
其他			

中建水务集团。

（5）推进产能结构和产品结构调整：通过发展EPC工程业务和优质资产持有经营业务，有效发挥融投资运营的综合拉动效应。

（6）把兼并重组作为创新发展的关键强力推进：大力推进内外部的重组和并购工作，通过兼并重组统筹考虑和快速落实集团产业、产能和产品结构的要求，把基础设施专业公司兼并重组放在优先位置，加快现有专业公司的发展，加快新专业集团组建，增强中国建筑基础设施业务综合承载能力。

（7）不断提升集团本部的战略市场开发服务能力：按照分产业事业部模式，轨道、铁路、水务、公路、能源、央企等分产业的事业发展局，授予统筹相关产业内集团引领服务的职责，发展在相关产业的战略开发能力，提供更加专业高效的集团服务。

4 目前中建股份集团建筑施工的房建与基础设施营销方式的比较

4.1 房建营销

总公司→工程局→二级公司（以法人为单位）在各自市场依照各自资质独立或配合作战。一般情况下，按照传统的方式依照各地区招投标要求进行项目跟踪、营销、投标、中标、施工、结算。随着企业的发展，尤其是2009年中建股份（601668）上市以来，房建也出现很多投融资项目，如北京门头沟城市综合体项目、上海南汇新城项目、杭州博览馆项目等等。这些投融资项目也需要一大批懂金融、熟悉资本运营、通晓法律、了解政府政策又有地产开发和施工经验的专业人才。

4.2 基础设施营销

2006年之前就有，但附属于二级单位房建业务，发展规模小，营销队伍不健全，资源配置差，竞争力较弱。涉及专业有公路、水务、石化、机场等，且主要以投标方式承揽项目。2006年总公司组建基础事业部，才有更多专业进入，如铁路（铁路市场开放允许公路特级施工线下工程）、高速公路、桥梁、隧道、轨道交通、水利、港口码头、土地综合开发、城市化、水务等等。资质不够情况下，企业积极采取重组方式

或满足业绩申报新资质或资质升级。

现在营销方式多元化：原有投标营销方式、投融资建造方式（BT、BOT）、与政府投资平台合股参股方式、地产联动方式等等。

4.3 中建股份集团之建筑施工房屋建筑与基础设施市场营销战略、策略、方法、模式的比较

中建集团的施工类房建与基础设施市场营销有其类同之处，如：品牌、资源、客户管理、项目管理等等，但随着社会与经济的发展，尤其是随着企业近年来的快速增长，出现了许多新的营销方式，如投融资带动施工总承包等，企业的发展也要求企业内部不断创新，才能代表国有骨干央企的能力，满足社会和员工的需求，也符合"三个代表"、符合科学发展观、符合辩证唯物观和实事求是等马克思主义的世界观、价值观、科学观。

5 建筑施工行业房屋建筑与基础设施市场营销之对立统一规律及互补必然互补

我国房屋建筑市场营销理论较成熟，已有一套完整的市场营销体系，而研究关于基础设施市场营销理论起步较晚，基础薄弱，矛盾突出，理论发展滞后。随着投资拉动GDP增长，基础设施市场不断扩大，基础设施产业将成为中国建筑市场的一个新领域。由此带来竞争的不断增强，市场竞争结果由市场营销关联性所决定。因此，房建市场营销要继续保持其成熟领先的理念，不断创新市场营销模式并加以实践和研究，形成理论，指导工作和市场行为准则；基础设施市场营销要学习房建营销中的做法，同时借助资本的带动，在投融资建造领域走出一条光明的发展之路；强化基础设施市场运营成为基础设施市场营销发展的关键和核心。综上所述，建筑施工行业房屋建筑与基础设施市场营销既有其异质性又有其共同点，在实践中两者还实现互补，资源互补、人才互补、模式互补、市场互补、结构互补、风险互补、管理互补等。这就要求我们坚持以政府的市场监管为基础、强化企业制度建设、创新商业模式、重视人才战略、拓展营销区域、完善产业链、大力开拓中国基础设施的国内和海外市场。

未来对外直接投资的战略布局

李志鹏

（商务部研究院，北京 100731）

尽管去年全球经济持续动荡，但全球外国直接投资（FDI）仍实现 17% 的增长，达 1.5 万亿美元，超过危机前三年的平均水平，显示国际直接投资已逐步恢复。当前和今后一个时期，世情、国情都在继续发生深刻变化，站在新的历史起点上，我国经济社会发展和对外开放都将呈现新的阶段性特征。在这一大有作为的重要战略机遇期，应认真研判国际国内形势，提升我企业对外直接投资的综合效应。

一、新时期加速我国企业对外投资的必要性

1. 加速对外直接投资是经济全球化的必然趋势

20 世纪 80 年代以来，经济全球化已成为不可逆转的发展趋势，就一国而言，引进外国直接投资与对外直接投资是顺应经济全球化发展趋势不可或缺的两个方面。让更多的中国企业发展对外直接投资，培育具有国际影响力的大型跨国公司，是中国应对经济全球化趋势的必然选择。

一方面，中国企业发展对外直接投资有助于在国际分工体系中占据有利地位。从世界范围来看，经济全球化伴随着国际产业链各环节的不断重新排序，就一国而言，融入经济全球化既可能使其受益，也可能使其受损。只有积极应对，主动对外直接投资，在更广阔的空间进行产业结构调整和资源优化配置，一国才有可能在国际分工体系中占据有利地位。发展对外直接投资改变中国出口产品的结构，进而可以推动国内产业优化升级。把一些成熟的技术和生产设备转移到其他发展中国家，不但配合了国内产业结构升级，也有利于东道国的就业发展，实现了双赢。

另一方面，发展对外直接投资是中国企业成长为具有较强实力跨国公司的必由之路。跨国公司是经济全球化的重要载体。在经济全球化背景下，有跨国公司的数量和规模是衡量其经济发展水平的重要标志，也是该国赢得国际竞争优势，获取支配全球资源权利的重要工具。随着经济持续快速增长，许多中国企业的国际竞争力已得到迅速提升，形成了一大批资本实力雄厚、技术管理水平先进和具备对外投资能力的企业，有可能成长为具有全球影响力的跨国公司。在 2011 年美国《财富》杂志评出的"世界 500 强"中，共有 61 家中国大陆企业入选，几乎是 2002 年的 11 家的 6 倍。中国企业发展对外直接投资不仅是自身发展壮大的内在要求，也是适应经济全球化趋势的现实选择。

2. 加速对外直接投资是实现我经济利益的现实选择

"引进来"和"走出去"是开放型经济的两个轮子。"引进来"是内向国际化，是开放市场；而"走出去"是外向国际化，是在更大范围整合资源的主动力。在国际分工体系不断深化的大背景下，中国企业在全球价值链中的地位决定了当我们让出国内部分高端市场的情况下，必须要"走出去"争取部分中低端市场，否则生存空间就越来越小。

其一，我国外汇资产的储备运用形式在某种意义上已经影响到整个国家的收益。在中国对外金融资产中，对外直接投资比重仅在 6% 左右，外汇储备资产的比重近 70%，资产净收益率较低，比如，根据美国财政部的数据显示，中国作为全球最大美国国债持有国，截至 2011 年年底，持有美国国债总额已达到 1.15 万亿美元，约为当时中国 3.18 万亿美元外汇储备存量的 36.2%，而在收益方面，2012 年 2 月美国 10 年期国债收益率收报仅 1.97%，如考虑人民币

升值等因素,中国外汇储备实际年回报率已为负数;在对外金融负债中,外商直接投资的比重约为60%,资产净收益平均高达20%以上。总之,外汇资本的一出一进,"走出去"债权2%的收益率远远低于"引进来"投资20%的收益率,这显示出我国外汇储备这一国民财富的机会成本损失惨重。目前,提升我国整个外汇资产的整体收益,加速我国对外直接股权投资的比重或是最佳选择。

其二,我国国内企业事实上已经遇到国外企业的强力挤压。未来,更加公平、高效的多边贸易体制是符合世界未来发展趋势的,这一点也是企业应该看到的。以最近在谈的政府采购协议(GPA)为例,长期以来,各国都将政府采购作为保护国内企业的重要措施,政府采购市场实行封闭管理。而一旦加入GPA,开放我国政府采购市场,无疑会对我国一些竞争力较弱的产业带来冲击,另外,GPA禁止使用抵偿办法,这对以前依靠实行当地含量、技术转让、合作生产要求等规定的产业和相关企业参与竞标存在不利。GPA对企业最大的触动是:就算你不"走出去"主动参与竞争,人家也会"闯进来"抢你的饭碗。当然,加入GPA不仅仅意味着我国要承担开放政府采购市场的责任,而且为我国企业打开了一个更加广阔的市场,与其在家坐以待毙,不如"走出去"主动出击。另外,通过实施"走出去"战略,带动外贸出口、促进中间产品和服务产品出口增长和绕开国际贸易壁垒仍是我国转变外贸发展方式和突破有关国家贸易保护主义的主要办法。

3.我国经济内生动力要求对外直接投资

在经济全球化加速发展的新形势下,中国的发展须在全球范围内配置资源,在更广阔空间内进行经济结构调整,用互利共赢的方式获取最大的国民财富。

首先,我们需要海外的财富源泉。目前,我国长期持续的经常项目顺差造成实际资源长期净流出,不仅使能源资源及环境的承载能力已达极限,而且由于净出口增长与国民福利和生活品质提高错步,其负面效应日益显现。另外,长期资本项目下的大量顺差也使得我们的GDP和GNP不能同步增长。"让创造财富的源泉充分涌流"是中央文件对我们提的

要求,但相比其他发达国家,我们海外财富源泉还涌流得不够,2011年,中国人均GDP已超过5 300美元,已处于对外投资加快发展的阶段。未来,我们需要进一步加强对外直接投资步伐,在全球范围内合理合规地探求财富源泉。

其二,中国也需要更为廉价的海外生产要素。预计在未来十年里,中国农村剩余劳动力将基本转移完毕,劳动力成本将进入加速上升期,我国依靠传统"人口红利"支撑开放型经济快速发展的效应逐步减弱甚至消失;国际市场资源性产品供求矛盾加剧、价格长期趋涨,国内能源、原材料、土地、环境等基础要素价格改革加快推进,中国的生产要素价格优势可能进一步下降。同时,人民币汇率形成机制改革继续推进,出口和利用外资的金融成本可能进一步上升。在诸多因素影响下,国内部分产业投资回报预期下降,当中国低成本的要素禀赋优势发生变化时,部分产业的对外转移将成为趋势。

其三,对外直接投资是中国企业获取技术和销售网络,最终实现转型升级的关键途径。目前,针对外资企业独资化倾向限制了技术外溢等多重因素考虑,我国企业对外投资内生动力增加,迫切需要通过对外投资合作获取技术、品牌、营销渠道,向国际产业链高端迈进。大型国有企业和民营企业逐步积累了相当数量的资金、技术、经验和人才,处理和调配各种资源的能力增强,产品和服务国际竞争力得到全面提升。

二、当前对外直接投资的主要特点

据商务部统计,2011年我国境内投资者共对全球132个国家和地区的3 391家境外企业进行了非金融类对外直接投资,累计实现直接投资600.7亿美元,同比增长1.8%。其中股本投资和其他投资456.7亿美元,占76%;利润再投资144亿美元,占24%。从对外投资的发展情况来看,又体现出以下特征:

第一,东部发达省份依旧是对外投资的主力军。沿海省份经济发展水平较高,也较早地接触到国际市场,从经验和实力来说,都成为我对外直接投资的先锋和主力。2011年,浙江、山东、江苏、广东和上海五省的对外投资占全部对外投资的16%。

第二，覆盖面较广，地区和产业的集中度较高。截至 2010 年底，中国的对外直接投资共分布在全球 178 个国家（地区），占全部国家（地区）总数的 72.7%。2010 年较上半年新增了对非洲国家圣多美和普林西比的投资。截至 2010 年底，中国对外直接投资前 20 位的国家（地区）存量累计达到 2 888 亿美元，占中国对外直接投资存量的 91.1%，它们是：中国香港、英属维尔京群岛、开曼群岛、澳大利亚、新加坡、卢森堡、美国、南非、俄罗斯联邦、加拿大、中国澳门、缅甸、巴基斯坦、哈萨克斯坦、德国、瑞典、蒙古、英国、尼日利亚、印度尼西亚。2010 年末，中国对外直接投资覆盖了国民经济所有行业类别，其中存量在 10 亿美元以上的行业有：商务服务业、金融业、采矿业、批发零售业、交通运输业、制造业，六个行业累计投资存量 2 801.6 亿美元，占我国对外直接投资存量总额的 88.3%。

第三，经营成效显著。尽管少数企业在对外直接投资过程中出现了亏损，但从总体上看，经营成效还是很明显的。按商务部的统计数据，大概有八成左右的企业能够保持盈利或基本持平。从对外投资的主力军央企来看，2012 年 1~11 月中央企业在境外（含港澳地区）营业收入 3.4 万亿元，实现利润总额 1 280 亿元，同比分别增长 30.7% 和 28%，明显好于境内经营水平。中央企业海外原油和天然气权益产量分别达到 6 604.3 万吨和 176.3 亿立方米，同比分别增长 16.9% 和 19.8%，为保障国家能源供给发挥了重要作用。

三、未来增强我对外直接投资对外发展能力的重点

首先，优化我海外产业布局。建立境外加工制造基地。引导具有较强比较优势的加工制造业，到市场需求规模较大的发展中国家建立生产基地，更加贴近市场。积极开展境外加工贸易和贴牌加工，推动部分产业加工制造环节向外转移，提升我参与全球分工水平；提升能源资源境外保障能力。鼓励综合运用海外并购、权益投资、战略联盟，加强资源型企业的互动合作，积极开展资源的国际合作开发；深入参与国际农业产业链，提升我国农产品安全保障能力，带动农业技术、农业生产资料出口，帮助东道国改善民生。

其次，延展我产业海外价值链。支持国内企业收购海外战略资产，统筹规划重要装备制造、电讯、航天航空、物流运输等战略性领域的对外投资合作，有序引导企业开展全球并购。支持国内大银行稳妥有序地实施国际化战略，提升全球金融运作能力。鼓励国内企业在科技资源密集的国家和地区，通过自建、并购、合资、合作等多种方式设立研发中心。通过投资并购建立国际化营销网络，把构建全球营销网络作为建设现代流通体系、推动对外贸易转型升级和实施对外直接投资战略的重要载体。

再次，扩大我对外承包劳务发展影响力。鼓励大型承包工程企业发挥传统优势，以特许经营、项目融资、项目管理总承包等国际通行方式，承揽附加值高、影响力大的基础设施项目。在巩固传统市场的同时，积极开拓发达国家市场，提高国际市场占有率和市场多元化水平。加快形成"中国建设"品牌优势，积极推广我国工程技术规范与标准。全面推行对外承包工程标准化管理，强化风险管理，严格工程质量，提升我国海外工程承包的整体形象和市场影响力。规范发展对外劳务合作。推动多层次、多领域的对外劳务合作，扩大建筑、医护等优势领域劳务人员输出规模，扩大境外就业。加大劳务人员培训力度，提高劳务人员素质和国际竞争力，打造"中国劳务"品牌。

最后，提升我海外经济利益保障能力。完善重点产业投资导向目录，制定对外投资合作产业、国别规划，引导企业有序、有效开展境外投资。落实企业境外投资自主权，强化海外国有资产监管，提高民营企业在境外投资中的比重。研究建立海外产业投资基金，拓宽企业和居民对外投资渠道。加快建立政策性银行、商业银行分工协作的境外投资融资支持体系，强化境外投资的金融风险管理。完善资本项目下外汇投资、融资制度，多渠道拓展海外人民币业务。鼓励发展对外投资合作咨询和服务机构，支持建设海外中资企业商会。加快签订双（多）投资保护协定，加强对企业海外并购反垄断审查指导，着力化解各类投资保护主义。健全境外对外投资合作风险预警防控机制和突发事件应急处理机制，提高企业风险防范能力，切实保障境外投资企业的合法权益和境外人员的人身财产安全。规范对外投资合作秩序，避免恶性竞争。

中巴贸易及中国企业投资巴西的策略

蔡春林

（广东工业大学经济与贸易学院新兴经济体研究所，广州 510520）

摘　要：巴西是发展最快的新兴经济体之一，在未来世界经济的发展格局中具有重要的战略地位。研究中巴贸易及中国投资巴西的策略具有重要的战略意义。中国企业可以通过贸易和投资两个途径进军巴西市场。贸易领域主要是明确巴西的产品需求，提升自身产品竞争力，扩大对巴西的出口，以此为基础开拓南美市场份额。投资领域主要是明确优先投资产业，采取切实可行的政策加速推进对巴西的投资。

关键词：巴西，贸易，投资，市场

一、巴西已经成为全球适宜投资的新兴经济体

（一）巴西具有吸引外商投资的独特优势

巴西是一个集地理优势、资源优势、经济结构优势、科技优势和无限发展机遇于一体的拉美大国，是一个正在走向全球的发展中大国。其丰富的自然资源、众多的人口、迅速发展的经济以及强大的科技力量，2014年世界杯足球赛和2016年奥运会的两大赛事均在巴西举办①，给巴西带来无限商机。巴西又是南方共同市场的创始国和重要成员国，是通往拉美乃至整个美洲的门户。巴西正以其独特的自身优势吸引着世界各国企业前来投资，对于中国日益国际化的企业而言，更是具有广阔的投资机遇和发展空间②。2011年4月，惠誉国际（Fitch）信用等级评估公司调高了巴西的国际信用等级，将巴西的信誉从"BBB–"提高到"BBB"。这一等级表明，巴西已经成为适宜投资的经济体（见表1）。

（二）巴西政府将利用外资作为提高出口和培养高科技竞争力的催化剂

2010年3月29日，巴西联邦政府公布了第二期经济增长计划（PAC2），预计2011~2014年期间巴西经济年均增长5.5%，初期财政盈余占GDP的3.33%，2010年投资与GDP比率为18%，预计2013年、2014年的比率将增至20%和21%。该计划预计在2011~2014年期间投资9,589亿雷亚尔（1雷亚尔=0.60美

巴西基本经济指标　　　　　　　　　　　　　　　　　　　　表1

项　目	2006年	2007年	2008年	2009年	2010年	2011年	2012年	2013年
GDP增速	4.0	6.1	5.2	−0.7	7.5	3.8	3.6	4.2
GDP规模	1093.5	1378.2	1655.1	1600.8	2090.3	2517.9	2617.0	2789.0
通货膨胀率	4.2	3.6	5.7	4.9	5.0	6.6	5.2	4.2
经常账户余额	13.6	1.6	−28.2	−24.3	−47.4	−58.4	−66.6	−82.0
经常账户余额/GDP	1.3	0.1	−1.7	−1.5	−2.3	−2.3	−2.5	−2.9

注：其中GDP规模和经常账户余额的单位为10亿美元，其余为%。
数据来源：IMF，World Economic Outlook.

---

①巴西是历史上继西德和美国之后第三个在两年时间内连续举办世界杯足球赛和夏季奥运会这两大体育赛事的国家，将给巴西带来无限的发展机遇。
②中国商务部投资事务促进局：《投资巴西》，2011年11月。

元),建设有关重点项目,促进经济增长,其中各级财政预算支出 1 770 亿雷亚尔,国有企业投资 3 000 亿雷亚尔,私有部门投资 460 亿雷亚尔,其他投资来自于各类信贷和其他来源;2014 年后将继续投入 6 316 亿雷亚尔。计划投资总额为 1.59 万亿雷亚尔。投资范围涉及 6 大领域①(见表 2)。

2011~2014 年巴西政府投资计划　　表 2

投资领域	投资金额(单位:10 亿雷亚尔)
能源计划	465.5
我们的住房,我们的生活(住宅计划)	278.2
交通计划	104.5
美好的城市(卫生,流动性等)	57.1
供水及全民用电计划	30.6
公民社会计划	23.1

注:按照 2012 年 9 月 2 日汇率计算,1 巴西雷亚尔(BRL)=3.1226 人民币(CNY)
资料来源:巴西贸易与投资促进局(Apex Brasil)

二、巴西优先发展的产业领域

(一)实行新工业政策,提升工业竞争力

近年来,巴西制造业在国民经济中的比重不断下降。巴西媒体和专家呼吁政府采取措施,制止越来越明显的"去工业化"趋势。制造业也抱怨巴西税收沉重和美元贬值造成巴西产品的国际竞争力下降。许多进口产品,特别是来自中国以及亚洲国家产品乘虚而入,挤压巴西国内企业和抢占国内市场。据巴西工业联合会公布的调查,有 48%的受访企业表示,他们在海外市场的出口贸易在下降。为此,迪尔玛政府今年执政后,在与巴西工业界密切磋商之后,研究制定了新的工业政策。

2011 年 8 月 2 日,巴西颁布新的工业政策,该项政策的核心内容是"创新提高竞争力,参与竞争求发展",政府在 2011 年至 2014 年期间,通过一系列的政策优惠和鼓励,促进企业的技术创新和增加产品附加值,以此提高巴西产品的国际竞争力。新工业政策将给劳动密集型企业,例如纺织业、制鞋业、家具生产企业和计算机软件企业等,提供减免工资收入

①中国商务部投资事务促进局:《投资巴西》,2011 年 11 月。

税的优惠。政府对汽车制造企业增加生产投资,增加附加值、增加就业、加强科技创新等提供税收减免的鼓励措施。但是,地方政府和南共市有关汽车工业的特殊政策将继续保留。此外,政府采购也将优先考虑从事医疗保健、国防建设、纺织服装、皮革制鞋、信息通讯的国内企业产品。

根据新的工业政策,巴西工业投资率从目前相当于国内生产总值的 18.4%提高到 2014 年的 22.4%,企业的科技投资比重从现在占 GDP 的 0.59%提高到 0.90%。巴西宽带网络用户将从目前 1380 万增加到 2014 年的 4 000 万。巴西将提高工业、商业和服务业职工的文化素质,具有中学毕业文化程度的职工在企业中所占的比例将从现在的 53.7%提高到 65%。在颁布新工业政策时,罗塞夫总统还宣布成立"国家工业发展理事会",其成员由联邦政府 13 位部长和 14 位社会各界代表以及国家经济社会开发银行行长组成,其职能是提出促进国家工业发展的政策建议和措施。

(二)大力发展能源产业

巴西政府高度重视能源产业发展,巴西能矿部制订了新的能源发展计划。按照该发展计划,2009 到 2019 年,巴西在能源发展方面总投资为 5 640 亿美元,其中电力领域(包括发电和电力传输)投资为 1 270 亿美元,石油和天然气领域投资 3 980 亿美元,生物燃料领域投资 390 亿美元。据巴西能矿部预计,到 2019 年,巴西国内能源供应量将达到 4.299 亿吨油当量,年增长率达到 5.8%,超过 4.7%的 GDP 预期增长率。其中,可再生能源比重将从 2009 年的 47.2%提高到 2019 年的 48.4%;不可再生能源中,石油比重将降低。

(三)将汽车产业作为重要支柱产业

1.巴西 2011 年汽车销量再创新高

2011 年全年汽车及轻型商务车销售量达到 342.6 万辆,比去年的 332.9 万辆增长 2.9%。汽车销量连续五年保持增长。按各品牌的市场占有量来看,菲亚特稳居首位,销售量为 754 276 辆,占 22%。其次为:大众 698 404 辆(20.4%)、通用 632 259 辆(18.4%)、福特 314 016 辆(9.2%)以及雷诺 194 294(5.7%)。2011 年巴

西汽车销售持续增长主要得益于以下几个方面:13月薪、长期贷款条件宽松,另外巴政府于2010年12月将进口汽车的工业产品税提高30个百分点,因此很多消费者急于在新税率实施前购买进口车。

2.巴西四年内成全球第三大汽车市场

毕马威公司研究结果指出到2016年巴西有可能成为全球第三大汽车市场,仅次于中国和美国。2011年全球五大汽车市场包括北美洲国家、欧洲国家和日本在内,由于这些国家都面临经济困难,汽车市场必然受到影响,到2016年时巴西汽车销售量应会达到400~600万辆,从而成为全球第三大汽车市场。去年巴西汽车销售量为360万辆。毕马威对全球汽车生产领域200位高层行政人员进行了调查,显示印度的汽车销量紧跟巴西,预计到2016年时汽车销售量会达到300~500万辆。

3.巴西出台国外车企投资设厂鼓励措施

巴政府于2011年12月出台新规,对提高进口汽车工业产品税30%的法令进行修订。其要点是:承诺在巴西建厂的车企,其车辆进口将享受汽车工业产品税打折优惠,但并不是立即免交税率提高后的税,而是自建厂至实现65%的国产化率期间,履行了巴政府规定的每6个月应实现的目标,政府再将多交税款返还车企。政府拟出台的上述措施既是鼓励国外车企在巴西投资设厂,也是为避免再次发生亚洲发动机公司(ASIA MOTORS)情况,该公司承诺在巴西设厂,从而享受了税收优惠和政府鼓励政策,但却未兑现在巴西设厂的承诺。

巴西是全球新兴大国中的汽车生产和出口大国,也是全球销售最旺的汽车市场之一。自2013年起,巴西国内市场销售的柴油车排放将减少33%;自2014年起,国内市场销售的汽油车和乙醇燃料车排放平均减少33%,环保汽车产业将发展迅猛。

(四)巴西农业发展潜力巨大

巴西农业发展前景光明,是21世纪最具竞争力的农产品生产大国。联合国粮农组织顶测,2012年,巴西农产品生产将成为世界最具竞争力的国家,农产品出口将名列世界第一,巴西被誉为"21世纪的世界粮仓"。

三、巴西货物贸易及中巴双边贸易

(一)2011年巴西货物贸易概况

据巴西外贸秘书处统计,2011年巴西货物进出口额为4822.8亿美元,比上年同期(下同)增长25.7%,对外贸易继续保持较快增速。其中,出口2 560.4亿美元,增长26.8%;进口2 262.4亿美元,增长24.6%;贸易顺差298.0亿美元,增长47.0%。

分国别(地区)看,2011年巴西对中国、美国、阿根廷和荷兰的出口额分别占巴出口总额的17.3%、10.1%、8.9%和5.3%,出口额为443.2亿美元、258.1亿美元、227.1亿美元和136.4亿美元,分别增长43.9%、33.7%、22.6%和33.4%;自美国、中国、阿根廷和德国的进口额分别占巴进口总额的15.0%、14.5%、7.5%和6.7%,进口额为339.6亿美元、327.9亿美元、169.1亿美元和152.1亿美元,分别增长25.6%、28.1%、17.1%和21.2%。巴西前五大顺差来源地依次是中国、荷兰、阿根廷、委内瑞拉和圣露西亚岛,分别为115.3亿美元、113.7亿美元、58.0亿美元、33.2亿美元和29.4亿美元;逆差主要来自美国、尼日利亚和德国,分别为81.6亿美元、71.9亿美元和61.7亿美元。

分商品看,矿产品、食品饮料烟草和植物产品是巴西的主要出口商品,2011年出口额分别为717.9亿美元、317.9亿美元和300.4亿美元,占巴西出口总额的28.0%、12.4%和11.7%。全球经济的回暖带动了巴西主要大类商品的出口增长,增幅最大的是动植物油脂、植物产品、矿产品和纺织品及原料,分别达55.9%、48.4%、39.7%和33.0%。机电产品、矿产品和化工产品是巴西进口的前三大类商品,2011年合计进口1392.6亿美元,占巴西进口总额的61.6%。其中,矿物燃料进口额为419.7亿美元,增长40.1%,占进口总额的18.6%[①]。

(二)2011年中巴双边贸易概况

2011年巴西与中国双边货物进出口额达到

①数据来源:中华人民共和国商务部综合司、商务部国际贸易经济合作研究院:《国别贸易报告:巴西》,2012年第1期。

771.0亿美元,增长36.8%(见表3)。其中,巴西对中国出口443.1亿美元,增长43.9%;巴西自中国进口327.9亿美元,增长28.1%;巴方顺差115.3亿美元,增长122.0%。中国是巴西第一大贸易伙伴,第一大出口目的地和第二大进口来源国。

矿产品是巴西对中国出口的主力产品,2011年出口额为252.1亿美元,增长41.6%,占巴对中国出口总额的56.9%。植物产品是巴对中国出口的第二大类商品,出口额109.9亿美元,增长53.5%,占巴对中国出口总额的24.8%。中国经济的平稳增长带动

了巴西相关产品的大幅增长,2011年巴西对中国纺织品及原料、塑料塑胶、活动物及动物产品和食品饮料烟草出口额分别增长280.9%、108.9%、90.1%和82.0%(见表4)。

巴西自中国进口的主要商品为机电产品、化工产品和纺织品及原料,2011年合计进口224.8亿美元,占巴西自中国进口总额的68.6%(见表5)。中国在劳动密集型产品的出口上继续保持优势,纺织品及原料、家具玩具、皮制箱包等轻工产品分别列巴西自中国进口大类商品(HS类)的第三位、第七位和第

巴西对外贸易状况(单位:百万美元,%) 表3

时 间	总 额	同比(%)	出 口	同比(%)	进 口	同比(%)	差 额	同比(%)
2001年	113,802	-6.5	58,223	5.7	55,579	-0.5	2,644	453.1
2002年	107,594	-5.5	60,362	3.7	47,232	-15	13,130	396.6
2003年	121,344	12.8	73,084	21.1	48,260	2.2	24,824	89.1
2004年	159,257	31.2	96,475	32	62,782	30.1	33,693	35.7
2005年	191,859	20.5	118,308	22.6	73,551	17.2	44,757	32.8
2006年	228,866	19.3	137,470	16.2	91,396	24.3	46,074	2.9
2007年	281,270	22.9	160,649	16.9	120,621	32	40,028	-13.1
2008年	371,139	32	197,942	23.2	173,197	43.6	24,746	-38.2
2009年	280,642	-24.4	152,995	-22.7	127,647	-26.3	25,347	2.4
2010年	383,564	36.7	201,915	32	181,649	42.3	20,267	-20
2011年	482,283	25.7	256,040	26.8	226,243	24.6	29,796	47

数据来源:中华人民共和国商务部综合司、商务部国际贸易经济合作研究院:《国别贸易报告:巴西》,2012年第1期。

巴西对中国出口的主要商品(单位:百万美元,%) 表4

海关分类	HS编码	商品类别	2011年	上年同期	同比%	占比%
类	章	总值	44,315	30,786	43.9	100.0
第5类	25-27	矿产品	25,212	17,810	41.6	56.9
第2类	06-14	植物产品	10,988	7,160	53.5	24.8
第4类	16-24	食品、饮料、烟草	1,773	974	82.0	4.0
第10类	47-49	纤维素浆;纸张	1,396	1,213	15.1	3.2
第15类	72-83	贱金属及制品	940	848	10.9	2.1
第3类	15	动植物油脂	823	814	1.1	1.9
第17类	86-89	运输设备	654	402	62.7	1.5
第11类	50-63	纺织品及原料	590	155	280.9	1.3
第1类	01-05	活动物;动物产品	450	237	90.1	1.0
第8类	41-43	皮革制品;箱包	401	356	12.7	0.9
第16类	84-85	机电产品	380	317	19.9	0.9
第7类	39-40	塑料、橡胶	361	173	108.9	0.8
第6类	28-38	化工产品	172	176	-2.7	0.4
第9类	44-46	木及制品	61	75	-18.3	0.1
第14类	71	贵金属及制品	44	26	70.5	0.1
		其他	70	50	38.6	0.2

数据来源:中华人民共和国商务部综合司、商务部国际贸易经济合作研究院:《国别贸易报告:巴西》,2012年第1期。

十位，占巴西进口市场的 44.3%、55.9% 和 73.0%，在这些产品上，印度、印度尼西亚、美国、意大利、法国、阿根廷、乌拉圭、越南等国是中国的主要竞争对手。

四、中巴投资合作领域

巴西在劳动力素质、土地、资源等方面具有比较优势，作为两大新兴经济体，中巴在基础设施、能源和资源、高新科技、信息通讯、汽车工业等领域具有较大的合作潜力。

(一)基础设施领域

根据中巴双方于 2011 年 4 月 12 日在北京签署的《中华人民共和国和巴西联邦共和国联合公报》，双方认为中巴两国在基础设施领域，特别是在巴西"加速增长计划"框架下开展交通、能源等领域的合作潜力巨大，在基础设施项目，特别是有利于南美一体化的项目中开展合作非常重要，巴方十分欢迎中国企业参与巴西高速铁路项目投标。双方认为，两国在 2014 年世界杯和 2016 年奥运会有关基础设施建

巴西自中国进口主要商品构成(单位:百万美元,%)　　表5

HS章	商品类别	2011 年	上年同期	同比(%)	占比(%)
	总值	32,788	25,593	28.1	100.0
85	电机、电气、音像设备及其零附件	9,712	7,996	21.5	29.6
84	核反应堆、锅炉、机械器具及零件	6,831	5,628	21.4	20.8
29	有机化学品	1,584	1,284	23.4	4.8
87	车辆及其零附件,但铁道车辆除外	1,457	676	115.7	4.4
72	钢铁	957	1,205	−20.6	2.9
73	钢铁制品	879	647	35.9	2.7
90	光学、照相、医疗等设备及零附件	742	917	−19.1	2.3
39	塑料及其制品	733	516	42.2	2.2
62	非针织或非钩编的服装及衣着附件	666	425	56.9	2.0
95	玩具、游戏或运动用品及其零附件	591	420	40.8	1.8
31	肥料	587	169	248.1	1.8
54	化学纤维长丝	567	418	35.9	1.7
40	橡胶及其制品	559	366	52.6	1.7
42	皮革制品;旅行箱包;动物肠线制品	444	319	39.2	1.4
27	矿物燃料、矿物油及其产品;沥青等	408	218	86.9	1.2
60	针织物及钩编织物	384	460	−16.4	1.2
69	陶瓷产品	378	228	65.7	1.2
61	针织或钩编的服装及衣着附件	373	219	70.3	1.1
28	无机化学品;贵金属等的化合物	343	222	54.9	1.1
94	家具;寝具等;灯具;活动房	328	225	46.0	1.0
52	棉花	303	206	47.0	0.9
76	铝及其制品	280	149	87.6	0.9
03	鱼及其他水生无脊椎动物	232	96	140.5	0.7
70	玻璃及其制品	230	156	47.0	0.7
82	贱金属器具、利口器、餐具及零件	229	159	43.9	0.7
83	贱金属杂项制品	201	182	10.5	0.6
07	食用蔬菜、根及块茎	193	213	−9.6	0.6
55	化学纤维短纤	188	115	62.6	0.6
38	杂项化学产品	181	116	56.0	0.6
32	鞣料;着色料;涂料;油灰;墨水等	173	142	22.0	0.5
	以上合计	30,734	24,091	27.6	93.7

数据来源:中华人民共和国商务部综合司、商务部国际贸易经济合作研究院:《国别贸易报告:巴西》,2012年第1期。

设项目中建立伙伴关系具有潜力[1]。

(二)能源与资源领域

能源与资源领域巴西是贫煤国,而巴西的冶炼产业十分发达,每年需要从国外大量进口焦炭和原煤,中国煤炭资源相对丰富,中国应当继续扩大和支持对巴西的焦炭和原煤出口贸易。同时,巴西森林覆盖率为52.2%,居世界第四位。中国是一个森林资源极度缺乏的国家,每年需要从国外进口大量木材及其制品。投资巴西森林资源开发可以进一步扩大中国木材进口的来源,实现中巴双方的资源互补。还有,巴西铁矿资源丰富,而中国缺少优良的铁矿资源;巴西石油资源丰富,而中国石油资源相对国内庞大的消费而言明显不足,因此中巴企业在铁矿等矿物资源、石油等能源的勘探、开采方面的合作潜力巨大。

(三)高新科技

科技合作是中巴双方最具发展潜力的领域。两国过去在地球资源卫星项目上的成功合作,曾经被视为南南合作的典范。巴西在生物燃料方面拥有成熟的经验和技术,可以就此与中方展开具有战略意义的合作。另外,巴西在农牧业领域技术先进,中国电子技术发达,双方可在这方面合作,促进双方互利共赢。

(四)汽车工业

随着中国汽车工业的发展以及巴西消费的迅速增长,中巴在汽车工业领域的合作前景广阔。2010年5月以来,巴西已经超过德国成为世界第四大汽车市场。随着信贷体系放宽,巴西汽车市场正处在一个高速增长的时期,这使得约16%的巴西消费者能够买得起新车,但目前巴西国内汽车的生产能力相对不足。随着我国汽车工业的不断发展,自主汽车企业如奇瑞、江淮、力帆等具有了一定的国际竞争力,也加快了对巴西的投资步伐。进一步加强双方合作,将是促进中国与巴西汽车产业共同发展的必然选择。

四、中国企业投资巴西的策略

(一)熟悉巴西政策环境,制定市场开拓规划

随着我国工业体系的完备和产业结构的优化,

企业"走出去"步伐明显加快,合作领域逐步拓宽。以中石油、中石化、海尔、联想、华为、中兴、万向为代表的一批企业已率先走出国门,开展跨国经营,更多的中小企业由于自身发展需要,也迈出了对外投资的第一步,"走出去"成为企业实现国际化的必然选择。同时,我们也应当看到,大多数企业对国外投资环境、市场信息尚未足够了解,影响了对外投资的决策与布局,也导致投资风险加大,失误增多。为了避免这种情形出现,就需要深入调研巴西政策环境,制定市场开拓规划。

(二)可以借助中国-巴西高层协调与合作委员会推进广东与巴西合作

2011年,双边贸易额突破800亿美元,中国已成为巴西第一大贸易伙伴,巴西跃居中国第九大贸易伙伴。2006年3月24日,中国-巴西高层协调与合作委员会第一次会议在北京召开。时隔六年之后的2012年2月13日,中国-巴西高层协调与合作委员会第二次会议在巴西首都巴西利亚举行。反映了双边经贸合作正在加快推进。中国-巴西高层协调与合作委员会有很多分委员会,负责相关领域的合作事宜。

(三)确定合作重点领域

中国正在实施"十二五"规划,巴西也在实施"加速增长计划",深化与巴西的经贸、投资、金融、能源资源、基础设施等合作,挖掘航天、科技、教育、农业、旅游等合作潜力。中国可增加进口巴西高附加值产品。进一步扩大基础设施、新兴产业等领域相互投资。发掘能源矿产合作潜力(见表6),拓展新能源、核

中国企业对巴西投资的优先领域　　　　表6

产业	具体行业
农林牧渔业	森林开发
采矿业	石油、铁矿、铝土矿、铜矿
制造业	冰箱、空调等电气机械及器材制造;电视机、激光影碟机、收音机等电子设备制造;金属制品制造;塑料制品制造
服务业	贸易、分销;交通运输;建筑
其他	电力的生产和供应

数据来源:中华人民共和国商务部

---

①中国商务部投资事务促进局:《投资巴西》,2011年11月。

能合作。中国都支持对方金融机构在本国设立分支机构,推进双边贸易本币结算和货币互换,开展资本市场交流合作。加强海关、质检、知识产权合作,进一步加强科技创新合作。

2012 年、2014 年将分别发射中巴地球资源卫星03 星和04 星,深化纳米、生物、信息通讯、农业科技等交流合作。拓展教育、文化、旅游、体育合作,通过互设文化中心、互办文化月、互派留学生,增进相互了解,夯实合作的社会基础。®

参考文献

[1]汤碧.澳门:中国与巴西经贸合作的中介与平台.国际经济合作,2005 年第 7 期.

[2]王海运.中国发展需明确国家定位.环球时报,2006 年 1 月 24 日.

[3]周世秀.论中国巴西建交及两国战略伙伴关系的重要意义.湖北大学学报(哲学社会科学版),2004 年第 7 期.

[4]中国商务部投资事务促进局.投资巴西,2011 年 11 月.

[5]陈继勇,刘威.解决中印贸易摩擦的八条举措.对外经贸实务,2006 年第 2 期.

[6]王逸舟.当代中国的定位.世界经济与政治,2007 年第 1 期.

[7]王雨本.WTO 之外的国际经济组织.北京:人民法院出版社,2002 年.

[8][英]戴维·亨德森(1998).国际机构和跨境自由化:在此背景下的 WTO,[美] 安妮·O·克鲁格主编,黄理平等译,作为国际组织的 WTO.上海:上海人民出版社,2002 年.

[9]Angus Maddison, "The World Economy: A Millennial Perspective", 2001.

[10]Ashley J. Tellis, "India as a Global Power: An Action Agenda fot the United States", Carnegie Endowment for International Peace, Washington DC, 2005.

[11]The World Bank, "2005 International Comparison Program Preliminary Results", December, 2007.

[12]World Economic Forum, World Economic Forum on East Asia, "The Leadership Imperative for an Asian Century", Singapore, 24–25 June 2007.

[13]WTO, "Trading into the Future", Geneva: World Trade Organization, 2001.

[14]Gary Becker and Kevin Murphy, "The Division Labor, Coordination Costs, and Knowledge", Quarterly Journal of Economics, Vol. CVLL., No.4, 1992.

[15]Kunal Kumal Kundu, "India´s economy goes to right way," Asian Times, Jan. 14, 2005.

[16]"Anti–U.S. Alliances", Foreign Affairs, Aug. 10. UNCTAD, "Trade and Development report 2007", the secretariat of the United Nations Conference on trade and Development, 2007.

[17]Dunning, J. H., "Multinational Enterprises and Global Economy".

[18]Fritz Breuss, "WTO Dispute Settlement: An Economic Analysis of four EU–US Mini Trade Wars", 13 Aug, 2004.

[19]GARCÍA –HERRERO, A. and D. SANTAB?RBARA, "Does China have an impact on Foreign Direct Investment to Latin America?", Banco de Espa?a, working paper presented at the First LAEBA Conference on the Challenges and Opportunities of the Emergence of China, Beijing, December, 2004.

[20]Yule kayoing, The Analysis of the Cooperative Game Model on International Literature Exchange, Journal of Information No.10, 2006.

[21]Dan Bilefsky and Giridharadas, "China and India take rival path," International Herald Tribune, Jan. 25, 2006.

[22]Deutsch, Klaus Günter and Speyer, Bernhard, The World Trade Organization Millennium Round, freer trade in the 21st century, London, Routledge p. 295, 2001.

[23]S. M. Mc Milan, "Interdependence and Conflict", Mershon International Organization, 1995.

[24]Stockholm International Peace Research Institute (SIPRI), "Imported Weapons to China in 1989 – 2005,"SIPRI Arms Transfers Database, March 2, 2006.

兼并重组后对被购方实施有效控制
——财务整合

卢志勇

（中建股份基础设施事业部，北京 100044）

摘　要： 企业并购整合的成功表现为财务整合的成功。财务整合非常复杂，存在许多具体困难。由于企业效率主要取决于企业的资产使用情况，兼并重组后的企业效率的提升，也必然是以有效的财务整合为基础的。所以在理顺企业财务管理、资金、资产管理前提条件下的财务整合，是并购整合最为核心的内容和重要环节，这不仅关系到并购战略意图能否贯彻，而且关系到并购方能否对被并购方实施有效的控制。所以说，财务整合效应的好坏直接反映出企业兼并重组的成功与否。

关键词： 兼并重组，有效控制，财务整合

财务具有信息功能，是并购方获取被并购方信息的重要途径，也是控制被并购企业的重要手段。财务整合是一项基础性工作，"美国的统计表明，大约有50%~80%的并购都出现了令人沮丧的财务状况"[1]，对于并购后的企业，只有财务管理的方式统一，财务运作体系健全，并购的战略意图才能有效贯彻，并购方才能对被并购方进行有效管理，并购的实际效果才能被准确反映。

一、财务整合的必要性

1.财务管理的重要性决定了财务整合的地位

财务整合是并购整合中必不可缺的内容。如果没有一套健全高效的财务制度体系，企业就不会健康快速地成长，当财务体系遭到破坏、财务秩序陷入混乱达到一定程度时，企业破产或被并购就在所难免。大量事例也表明，许多中小型企业正是由于出现了财务制度问题，导致财务管理不善、投资收益率不高、成本费用加大、考核不准确，造成产品成本提高，

市场竞争力减弱，最终被对手所打垮。

2.财务管理的有效性是企业经济效益提高的重要保证

财务管理的有效性是企业经营活动的神经系统，是企业实施战略决策的重要依据，企业并购后的财务整合成功与否，就成了并购企业有效运营的保证和基础。此外，由于企业内部的任何资源配置都必须在财务上有所反映，所以财务管理也是监督企业内部资源配置有效行的重要手段。目前，国内外许多大型企业或集团，无论是在合资还是在并购中，首先考虑派出的管理人员就是高素质的财务主管，他们不仅具有丰富的生产经营实践经验，还掌握市场、金融、财会和税务等多方面知识。

3.财务管理的统一性是对被并购企业实施控制的重要途径

如何对被并购企业进行有效控制是并购企业面临的重要问题。虽然并购企业可以通过人事安排对被并购企业进行控制，但这种方法的作用有限。此

外,过多的人事干预有时会损害并购整合的进行。而通过掌握被并购企业的生产经营的财务信息,并购企业可以很好地控制被并购企业,这是单纯的人事控制所不能做到的。要准确了解被并购企业的财务信息,就必须有统一的财务管理。

4."财务协同效应"要求财务整合

"成功的并购者选择并购的动机不是继续提升现有能力,就是更好地发挥现有能力,或者两者兼得"[2]。企业并购后,为了保证并购各方在财务上的稳定性及其在金融市场和产品市场上的形象,并购双方在财务制度上互相联通,在资金管理和使用上协调一致是必需的。但通常而言,并购双方的会计核算体系、考核体系、财务制度等并不完全一致,而且在很多情况下双方财务目标也是不一致的,因此协同效应要求必须予以财务整合。

二、财务整合的基本内容

财务整合的方式根据企业内部实际状况及企业类型的不同而有所不同,一般来说,财务整合必须以企业价值最大化为中心。基本内容包括以下几方面:

1.财务管理目标的整合

财务管理目标直接影响企业财务体系的构建,决定各种财务方案的选择和决策。企业财务管理的目标是企业发展的蓝图,通过财务管理目标的整合,使兼并重组后的企业在统一的财务目标指引下进行生产经营,所体现的重要性至少表现在这样几方面:(1)有助于财务运营的一体化;(2)有助于科学地进行财务决策;(3)有助于财务行为的高效和规范化;(4)有助于财务人员建立正确的理财观念。一个科学的财务目标应该具有确定性、可计量性、运营成本较低、与企业战略目标相一致以及可控性。

2.财务制度和会计核算体系整合

财务制度整合是保证并购企业有效、有序运行的关键,它主要包括投资制度、融资制度、固定资产管理、流动资产管理、工资制度、利润分配制度和财务风险管理等内容的整合。会计核算体系整合是统一财务制度体系的具体保证,也是并购方及时、全面地获取被并购方企业财务信息的有效手段,更是统一企业绩效评价口径的基础。因此,兼并重组后需要对账本形式、凭证管理、会计科目和报表管理等进行统一规范,以便企业生产经营活动的顺利进行。

3.绩效评价体系的整合

绩效评价体系的整合是兼并重组后企业对财务运营指标体系的重新优化和组合,这一体系一般包括:收益能力指标,如:毛利率、净利率、净资产收益率等;市价比率指标,如:每股利润、每股股利、市盈率等;资产管理指标,如:存货周转率、应收账款周转率、固定资产周转率等;经营安全性指标,如:资产负债率、负债与股东权益比、权益乘数等;发展能力指标,如:市场占有率、科技投入等;成长能力指标,如:营业收入增长率、成本费用降低率、人员增长率等;生产能力指标,如:人均营业收入、人均净利润、人均工资等。这些指标考评体系是提高并购企业经营绩效和运营能力的重要手段。但是由于各企业所处地区不同以及内部运营体系的不同,各企业大都有不甚相同的考评标准,并购企业应根据实际需要、国内外同行业的先进水平进行重新的调整和确定,以保证并购后企业能具有不断增强的竞争能力和可持续发展的势头。

4.现金流转内部控制的整合

现金流转的速度和质量直接关系到企业资金运用及效益水平。内部现金流转的控制是以预算(包括财务预算、资金预算、投资预算)为标准。由于企业内外各种因素的影响,企业的实际现金流转情况不可能与预算完全一致。现金流转控制的职能就在于发现实际与预算的差异,找出差异产生的原因,并采取相应的措施调整经营和财务上的安排,以防止损害企业财务系统正常运行的情况发生,同时还可以改善和提高企业的经营质量。现金流转内部控制的整合,是要求并购交易完成后,并购方应明确规定被并购方在何时汇报现金流转情况。这样可以使并购方掌握企业现金流转情况,以便决定在何时调整影响现金流转的经营活动和财务活动,以及调整程度的大小。总之,"整合需要过程,需要时间,并非立刻见效"[3]。

三、兼并重组后的资产整合

企业的经营活动是以资产为载体发生的,因此,兼并重组后必然要面对企业资产的整合,只有将目标企业的资产与原有企业的资产有效地整合在一起,才能真正地实现经营协同,降低企业成本,提高资产价值,获得优于同行业的竞争优势,推动企业的成长,这决定着企业战略并购的成败。

(一)固定资产整合

1.资产鉴别

可从以下三个方面进行:

一是高效资产与低效资产。从对企业绩效贡献的角度出发,企业资产可分为高效资产和低效资产。但在区别高效与低效资产的过程中,往往容易陷入一种误区,即片面从价值形态去鉴别资产,这一误区容易造成不良后果。因为价值量高的资产,不一定能为企业创造较高的收益;价值量低的资产,在特定条件下也能为企业创造较高的收益。对此,应把握的标准是将资产创造收益的价值量与资产本身的价值量进行对比,以价值量差额大的为选择标准。

二是匹配资产与不匹配资产。一方面资产与企业发展战略相匹配。充分保留与发展战略相匹配的房产、设备等,或对落后的设备进行更新,同时还可购买或引进某些必备设备;另一方面资产与生产工艺相匹配。即对存量资产从工艺的角度进行鉴别,对并购中现存的土地、房屋、设备等进行新的整合,以追求生产要素的高效利用。

三是潜力资产与无潜力资产。资产的价值不能简单地在一定静止的条件和时间内进行判断。潜力资产在并购企业中往往是大量存在的,资产的潜力是指资产已经存在,但尚未被发掘利用或现实条件下不能被利用的价值。潜力资产的另外一种表现形态是未来的增值性,其中以土地、房屋最具代表性。

2.资产吸纳

资产吸纳是并购方以自己的资产为主体,吸纳目标企业的资产而形成新的融合性资产。吸纳目标企业的固定资产至少要考虑几个因素:一是生产经营体系的完整性;二是企业发展战略因素,即融合后的

资产规模和质量要与企业制定的战略发展规划相适应;三是效益因素,即能给企业带来不低于期望值的收益,不会给企业带来太大的财务压力。

3.资产剥离

并购后,通过资产鉴别可能会发现目标企业原有的一部分资产可能成为新企业发展的负担,这部分需要剥离的资产应包括:长期未产生效益的资产、与总体发展战略不相适应的资产、与生产工艺不匹配的资产、难以被并购后企业吸收的资产以及影响企业有效运营的资产。剥离的方式包括出售、封存、捐赠、甚至废弃。虽然资产剥离减少了资产存量,但企业可以集中优势资产创造更多的效益,从而提高资产质量和市场价值。"资产出售剥离的过程对卖方而言是获得资产的最大价值,对于买方而言,买到的资产可能发挥更大作用。"[4]

(二)流动资产整合

1.控制和提高流动资产质量

兼并重组交易完成后会使企业流动资产总量加大,可能会导致总资产收益率下降,由于企业进入整合阶段许多工作都没有步入正常轨道,不确定因素较多,对此企业应分析现实生产经营的状况、与固定资产总量相匹配的流动资产存量应是多少,进而消除多余或不适用的流动资产,合理选择资产组合策略。

2.改善流动资产结构

一般来说,兼并重组后企业的流动资产总量并不缺少,但货币资金比较紧张,特别是如果采用承债并购方式,企业的偿债压力会更大,即使通过资产剥离出售变现一部分现金,也会呈现资金短缺。因此,并购企业应通过对被并购企业资产负债表的分析,发现资产结构中存在的问题,采取相应整合措施,优化流动资产机构。具体可采取多种方式:①对有价证券,应根据并购方对资金的需求和股票、债券市场的价格决定是否转让,获取现金;②存货要根据并购方的存货管理要求进行,部分暂时无用的可清点、盘存和入库,完全无用的应考虑转售,滞销的可折价出售以回笼资金;③应收款项可采用书面、电话、上门、官司等多种方式催款等。

3.加快流动资产周转速度

一是分析现有流动资产的存在状态,如现有流动资产存在积压、呆滞或占用量过大的现象,则会导致周转速度的下降;二是分析流动资产循环和周转的渠道是否通畅,及时剥离与销售能力不相适应的流动资产,调整各种形态资产的分布量。例如,当前我国企业货币资金紧缺与应收款项的变现渠道不畅就有很大关系。

(三)无形资产整合

无形资产具有非实体性、单一性、不确定性、高效性和独创性等特点。对于目标企业无形资产的整合,要检查和评估这些无形资产的现实价值,紧密联系并购方的生产经营活动及其适用程度,决定其保留或转让。

1.土地使用权整合

许多企业兼并重组的发生,都是并购方看中了目标企业的土地使用权。并购后对目标企业的土地使用权,应在充分考虑企业的发展战略对土地需要量、土地所处位置和土地增值潜力等因素的前提下,来决定土地的保留、租借或转让。由于土地资源具有不可再生的特性,从长期看一定表现为稀缺资源,因此,对土地使用权的整合与处置必须格外关注其价值增值潜力,即使是目标企业的闲置土地,如果有能力在一定时间内保留,将是企业资本增值的一种重要实现方式。

2.商誉整合

商誉是企业总价值与单项有形资产即可辨认无形资产价值之间的差额,是企业获取超额利润的一种特殊能力,会计报表上不作反映。可以这样理解,当兼并重组发生时,并购方所支付的并购成本大于目标企业公允价值的差额是企业综合素质与能力共同作用形成的。

3.特许经营权整合

企业控制权的变动,必须经过原授权人的同意才可继续拥有此项权利,在授权人同意的基础上,企业可考虑其是否与企业经营方向相适应来进行决策。如果遇经营方向不一致,在取得原授权者的同意后,可再次转让或停止使用。

4.专利权、商标权、专有技术整合

对目标企业的专利权首先要确定它的价值、先进程度、未来前景、剩余时间,然后根据企业的经营方向和战略目标决定其保留还是转让。并购方对目标企业整体资产购进后,商标权即归并购后企业所有,并购方企业可以根据商标在消费者心目中的形象、地位、市场评估价值以及该商标产品的市场占有率等因素决定取舍。如果没有申请专利的专有技术与企业的总体发展战略无关,可进行转让,已经过时的可予以淘汰。

四、兼并重组后的债务整合

债务本身是一把双刃剑,它既可以加速企业的快速发展和扩张,也可以导致企业陷入困境和消亡。兼并重组最终的结果改变了企业的所有者。由于在企业资产的构成中,债务是从属于所有者权益的,或者说债务整合也可以导致所有者的改变,因此,债务整合也是企业并购整合成败的重要途径。企业债务形成的原因不同,债务的性质不同,将会导致企业债务整合的途径和方式不同。经过整合,有些债务可以减少或消除,有些债务则可延长还款期或转为股权。具体有几种方式:

1.低价收购债权

在兼并重组中,被并购方处于被动地位,当并购方提出有关债务打折的要求后,往往能够为其所接受。当被并购企业生存能力很差或已经资不抵债,兼并重组发生后,被并购方就可以对其债权打折。

2.依法消除债务

我国民法对债权与债务的有效期是有明确规定的。现实经济活动中,相当一批企业债权人由于放松追讨债务,而使债权因超过诉讼有效期不再为法律所保护,但这些债务在资产负债表中仍要如实反映。并购方可根据相关法律,对此类债务不予承认。再比如,我国有很多企业在员工中或在社会上进行集资,往往承诺支付很高的利息。但我国有关法律规定,集资利息只有相当于同期银行存款利率部分才可受法律保护,视为合法债务。在这种情况下,企业资产负债表中,高额集资利率与银行同期存款利率的差额,在债务整合中应该处理为可消除债务。

3.延长债务偿还期

一般来说,债权人与债务人之间形成的债务关

系有一定的时限,债务人应在约定期限内清偿债务。但在经济活动中,有些债权人为了减少利益损失,会主动提出延长债务还款期限。例如,某企业经营困难,无力偿债,可能会申请破产。如果依法实施破产,债权人将蒙受巨大损失。在这种情况下,如果其他企业将该企业收购,其债权将会得以维护。这时的债权人未避免因破产而遭受更大损失,要么主动提出债务打折,要么主动提出延长还款期限。延长还款期限对并购方来说非常具有实际意义,因为它既可减少并购方因急于偿债而增加近期内的资金压力,也可以理解为债权人为并购企业提供的无成本或成本很低的营运资金。

4.债权转股权

这是降低企业负债的一种有效方式,也是资产重新配置的一种方式和信用关系的转化。并购发生后,如果由并购企业承担被并购企业的全部债务,会造成并购企业未来偿债压力过大。在这种情况下可以将一些债务转为股权,将债权人转化为股东。从负债企业的角度说,债转股就是债转资,无疑大大减轻了企业还本付息的负担,改善了企业的资产机构状况。⑥

参考文献

[1]唐清林.企业并购法律实务(第一版)[M].北京:群众出版社,2006.

[2]谢祖礅.企业并购的能力溢价[N].经济观察报,2012.05.07.

[3]白万纲.大象善舞——向世界知名公司学习集团管控》[M].北京:机械工业出版社,2008.

[4]洪贵路,邵建云,朱宏等,译.企业购并理论与实务[M],1996,12.

✶✶

起草专家精确解读,合同条款全面理解

《中华人民共和国标准设计施工总承包招标 (2012年版)合同条件使用指南》

邱闯 著

2011年12月20日,国家发展改革委会同工业和信息化部、财政部、住房和城乡建设部、交通运输部、铁道部、水利部、广电总局、中国民用航空局,发布了《中华人民共和国标准设计施工总承包招标文件》(2012年版),该文件自2012年5月1日起实施。根据《招标投标法实施条例》和《关于印发简明标准施工招标文件和标准设计施工总承包招标文件的通知》(发改法规[2011]3018号)规定,依法必须进行招标的设计施工一体化的总承包项目,其招标文件应当根据《标准设计施工总承包招标文件》编制。

同时要求,《标准文件》中的"投标人须知"(投标人须知前附表和其他附表除外)、"评标办法"(评标办法前附表除外)、"通用合同条款",应当不加修改地引用。

国务院有关行业主管部门可根据本行业招标特点和管理需要,对《标准设计施工总承包招标文件》中的"专用合同条款"、"发包人要求"、"发包人提供的资料和条件"作出具体规定。

本书作者邱闯为该标准文件的主要起草专家。

本书对《中华人民共和国标准设计施工总承包招标文件》(2012年版)规定的合同条款及格式进行了逐条解析,并与FIDIC、JCT、ICE等西方设计施工总承包合同中的相关规定进行了比较和分析,便于使用本合同文件的读者更好地理解和应用合同条件的内容,规避合同签订与管理的风险。

本书有助于项目发包人、设计机构、承包人、工程咨询机构、监理单位、招标代理机构,高等院校和相关培训机构,以及其他相关机构的管理人员更好地学习和使用标准设计施工总承包招标文件合同条件。

关于国有大型建筑企业发展转型的思考

梁清淼

（中建三局一公司，深圳 518001）

改革开放以来，我国国民经济持续快速增长，建筑业也迎来了发展的黄金时期。三十年时间，产业规模从数百亿元发展到近十万亿元，从业人员超过4 000万人，技术和管理不断进步，整个行业全面发展，取得了重大成就，为国民经济的发展做出了重要贡献。特别是国有大型建筑企业，在此期间承担了大量艰巨任务，同时把握了机遇，建造了一大批具有世界影响的工程项目，在超高层大跨度房屋建筑、大型工业设施、大体积混凝土筑坝、大跨径桥梁等诸多领域的技术和管理水平达到了国际先进水平，涌现了像中建总公司各大主力工程局、上海建工、北京城建等一批规模大、实力强的大型国有建筑企业集团，行业形式空前繁荣。然而，随着国民经济的不断发展，发展与资源的矛盾、发展与环境的冲突、经济发展与社会建设的错位等问题日益突出，党中央审时度势，提出了科学发展观的重大战略思想，采取一系列重大措施，大力转变经济发展方式，努力提高发展质量，这必将对建筑行业的发展带来深远的影响。同时，我们建筑企业本身存在的发展模式粗放、管理手段落后、效益水平低下、可持续发展能力不足等各种问题，也需要去调整和改进，这就要求我们认真分析国内外经济发展形式，科学预测行业发展趋势，做好企业的长远战略规划，处理好发展与转型问题。

经过在党校系统的理论学习和研讨，现结合自己的本职工作，运用历史唯物主义的眼光、辩证唯物主义的方法和科学发展观理念，对当前形势下国有大型建筑企业的发展与转型问题作一些思考与探索。

一、当前建筑企业发展的基本情况

截至2010年，我国共有建筑企业71 863家，从业人员约4 160万人，根据能力特点和行业分工主要分为三大板块：一是综合性总承包企业，共约7000家，其中特级资质企业157家；二是各类专业性建筑企业，共约40 000家；三是形成要素市场的劳务企业和料具、设备租赁企业。国有大型建筑施工企业基本都属于综合性总承包企业，在行业中占据主导地位，其发展状态对行业整体发展影响巨大。经过几十年的发展，国有大型建筑企业取得了长足的进步，主要表现为：一、企业规模快速增长，都达到了相当的体量，年营业规模普遍在几十亿元以上，大的达到了千亿元以上，具有了一定的市场影响力；二是企业品牌基本形成，具有了较高的市场知名度；三是管理趋于规范，大部分企业都建立了较为完善的管理体系和管理制度,部分企业已建立现代企业治理结构和管理制度;四是积累了一定的人才和技术基础;五是盈利能力和资金实力大为增强,形成了一定的资本积累;六是市场布局已基本稳定,产业结构调整也开始起步。可以说,大部分国有大型建筑企业已积聚了相当的力量,面临着良好的行业形势和发展机遇,站在了跨越式发展的关口,同时,他们也面临着一系列的问题和困难,处理不当、解决不好也将严重影响长远发展,主要问题如下:

1.行业准入门槛低,竞争激烈。建筑业对劳动力素质、技术水平、资金实力等要求不高,因而是我国竞争最激烈的行业之一,低价中标、垫资中标、工程款拖欠等现象十分普遍。建筑业产值利润率明显低于我国产业平均利润率,企业积累缓慢,难以为长远发展提供资金支持。从业人员收入偏低,难以吸引和挽留高素质人才,导致企业普遍竞争力低下,主要依靠上项目、铺摊子实现企业的粗放式增长。

2.政府监督力度不足,行业诚信机制缺失,市场秩序混乱。当前建筑业发展相关政策不配套,行业管理法规、制度不完善,政府监管手段落后,力度不足,行业诚信自律机制未能形成,导致市场秩序较为混乱。一方面部分建设单位虚假招标,任意压缩工期、恶意压价,挤压建筑企业发展空间;另一方面建筑企业出卖资质、挂靠转包的现象普遍存在,市场鱼龙混杂,良莠不分,国有大型建筑企业的优势不能充分发挥,不利于行业内企业合理分工层次的形成。

3.企业战略定位相似,资源配置方向类同,个体核心能力不突出。随着国家经济增长方式的调整和"十二五"规划的出台实施,建筑企业也大都对未来的发展做出了中长期规划,但这些规划大都只是顺应行业的潮流,没有结合自身实际情况作差异化的选择,主要体现在以下几点:一是企业间战略发展方向基本一样,大都是立足发展传统主业,做相关多元化,努力向上游和横向延伸,涉及的业务板块也都基本一样,往往力求全面发展,没有做重点选择;二是在各业务版块内,没有做认真的市场细分和市场选择,基本是从底到顶,全面出击;三是大企业内部

没有做合理的功能规划和业务分工,不同层面的单位战略定位雷同,母公司与子公司、大子公司与小子公司走同样的路,干相同的事;四是有的企业虽然作了较好的战略规划,但执行出现偏离,在实施过程中什么好就做什么,哪方面容易出业绩就往哪方面发展,没有坚持战略方向。因为大部分企业战略定位相似,导致企业资源都往相同的方向配置,都往容易形成短期业绩的领域集中,各企业能力相似,核心能力不突出,在很大程度上形成同质竞争。

4.企业规模增长快,能力和实力增长不匹配。近十年来,各大建筑企业以年平均30%以上的速度进行着规模的增长,但管理能力和人员的数量、素质并没有同步的增长,资源组织方式没有配套调整,企业面临着越来越大的履约压力和运行风险。同时,在影响企业综合竞争实力的科技研发、设计能力、总承包管理能力、综合服务能力、品质提升能力等方面培育不够,实力的增长跟不上规模的发展,企业可持续发展的后劲不足。

5.传统主业快速发展,转型升级相对滞后。这些年建筑企业的增长主要是依靠国家投资拉动和城市化进程带来的传统主业增长,这种增长虽然效率高,但效益低,而且不可能长期持续,建筑企业要想持续健康发展,必须进行适当的转型升级,在这个方面很多民营建筑企业已远远走在了前面,完成了从建筑业向房地产业、商业连锁企业、资源开发企业等各种产业的成功转移,而国有建筑企业基本都还固守主业,转型升级的道路漫长。

6.劳务资源日趋紧张,企业应对措施不足。随着中国人口红利时代接近尾声和新生代农民子女的价值观的变化,建筑业劳务资源问题日趋突出,人员不断紧缺,人工单价迅速上涨,建筑业该如何面对这一问题,是花代价改善福利、加强培训,引导农民工向产业工人转变,还是大力发展工业化施工技术和各种新技术、新工艺、提高劳动生产率,尚未找到有效方案,这一问题必将深远地影响建筑企业的长远发展。

建筑企业面临的上述问题,都只能在发展的过

程中加以解决,随着科学发展观的提出和国家"十二五"规划的实施,国家经济和社会的转型发展已正式启动,建筑企业又站在新一轮的机遇期和转折点面前,我们只有顺应这一潮流,切实处理好发展与转型的关系,把握好发展与转型的节奏,才能持续健康发展,不断做强做大。

二、发达国家建筑行业的发展历程对我们的启示

通过对北美、欧洲和日本等发达国家的建筑业发展历程和现状进行简要分析,我们可以发现以下规律:

(1)建筑业的发展与国家的工业化和城市化进程密切相关,总体来说,建筑业的繁荣程度与国家的工业化和城市化的速度成正相关关系。各国建筑业的发展都随着城市化进程经历了一个波浪式的发展轨迹。当国家的工业化和城市化的程度都很低(一般在30%以内时),城市化进程缓慢时,建筑业处于低潮期,占国民生产总值的比例较低,一般在5%以内;当国家的工业化和城市化程度提高,城市化率在30%~70%之间时,城市化速度加快,建筑业处于活跃期和繁荣期,占国民经济总量的比例可达6%~9%;当国家的城市化程度较高(通常达到70%时),城市化进程放慢,建筑业进入成熟和衰退期,占国民经济总的比例又会逐渐回落到4%~5%。

(2)建筑企业在发展过程中逐渐形成稳定的行业分工结构,主要有三种性质的企业:①总承包商,具备投资、设计、施工、管理能力的一体化公司,是智力密集型企业;②工程承包商,具备施工管理能力和部分设计能力;③专业分包商,从事各种专业性很强、很细的专性分包工作,一般规模较小。大型建筑企业一般都是综合能力很强的总承包商。

(3)大型建筑公司一般都有以下特点:①都是综合性的公司,不单纯搞施工,而是进行全方位的服务,包括项目的前期各项工作、设计、采购、施工及各类相关服务;②都有雄厚的资金实力和强大的融资能力,进行与业主相关的投资活动;③都实行全球化

战略,分公司和工程项目遍布全球;④都不分成多级企业法人,建立合理而专业的组织结构,实行总部集中决策;⑤都有自己特有的技术和专利;⑥都高度重视人才的培育,这些国家虽然与我们的国情不同,但其建筑行业的发展演变规律仍然对我们有启示和参考意义。

三、我国建筑行业发展前景分析

我国建筑行业当前正处于快速的黄金时期,随着国民经济发展进入新的时期,建筑行业的发展也必将发生新的变化,总的来讲,行业的发展将具有以下特点:

(1)整个行业仍处于成长期,还将保持一段时间的增长趋势,一方面,我国目前平均城市化水平刚达到50%,按照世界各国通常在城市化率达到70%左右后,城市化速度放缓,建筑业进入成熟期的经验来看,按目前的成熟化速度我国建筑业还有15~20年的成长期;另一方面,国家虽然在大力引导经济增长方式的转变,努力推动创新型经济发展,但根据我国的实际情况,仍将在相当长的时间内依靠制造业和外贸来维持经济的增长,制造业的发展也将在一定程度上促进建筑业的发展。

(2)随着国民经济发展转型,国际靠投资拉动经济增长的力度减弱,必将影响建筑业的发展,今后再很难出现近几年靠投资拉动建筑业超常规快速增长的情况,行业总体增速必将放缓。

(3)未来一段时间内,区域经济板块(如海峡两岸经济区)建设、住宅建设(特别是保障房)、城市轨道交通建设、高铁和机场建设、旧城改造和城市综合体建设将成为建筑行业的市场热点。

(4)建筑市场管理将趋于规范。行业诚信体系逐步建立,国有大型建筑企业的优势将更加明显。

(5)技术进步和管理创新将更受重视,建筑节能及绿色环保技术、建筑工业化技术、信息化管理、标准化管理将成为行业发展的重点和企业竞争的手段。

(6)随着WTO过渡期结束,我国建筑市场向外资全面开放,外资建筑商通过一段时间完成本土化

企业管理

后,凭借资金实力和技术、管理优势,将对国内建筑企业产生强烈冲击。

四、关于国有大型建筑企业下一步发展与转型的探索

通过前面的分析,我们可以初步得出以下几点结论:

(1)中国建筑市场总体来讲还处于成长期,将经过一段时间的发展(约15~20年)走向成熟期。

(2)国有大型建筑企业虽然当前面临一些问题,但随着行业管理趋于规范,其优势地位将不断加强,日益突出。

(3)国有大型建筑企业应充分利用这一机遇期,采用增长型战略加速发展,积累实力,创造转型条件,以发展促进转型。

(4)国有大型建筑企业应该从现在开始,科学制定并认真落实中长期发展规划,确立企业战略定位,明确转型方向,以转型引导发展,引导核心能力的培育。

(5)国家产业和建筑行业发展重点将是确定我们今后发展方向的主要依据,发达国家建筑行业和大型建筑企业的发展经验对我们有重要参考价值。

基于上述原则,现对国有大型建筑企业的下一步发展提供以下几点建议:

(一)在传统业主领域培养差异化的能力,建立比较优势

传统主业在现阶段是企业发展集聚实力的重要支撑,今后除非企业彻底转型,仍将是企业开展各项业务的基础,在市场竞争高度激烈的情况下,在传统主业上立足企业自身的特点,培养出有别于一般企业的差异的能力,建立起比较优势,是竞争制胜的关键。企业可以根据自身情况,采取下列措施中的某几项来培养自己的差异化能力:

(1)纵向延伸企业的能力,建立一体化的链条能力,重点是发展设计能力,项目策划能力,咨询服务能力和售后服务能力,据现有的集中于施工管理环节的点式能力变成贯通全产业的链条能力,为业主提供全方位的服务,形成竞争比较优势,并为开拓代

建业务、项目总承包业务等新的承包模式打下基础。

(2)发展承包管理能力,市场对建筑企业总承包管理能力的要求越来越高,我们自身的发展也要求不断提升总承包管理能力,改变资源组织形式,充分整合社会上各种优秀的土建施工队伍和专业施工力量为我所用,支撑我们的规模增长。我们应牢固树立总承包管理意识,大力培养总包管理人才,建立适应总承包管理要求的基层组织机构,健全总承包管理制度,完善总包管理考核激励机制,并认真推广总承包管理经验,形成强大的总承包管理能力。

(3)培养新技术能力或特有技术能力,技术能力是最不易被复制的核心能力,建筑企业如果能够掌握一定的专有技术,将形成重大竞争优势,大型建筑企业可在建筑节能技术、绿色施工技术、建筑工业化技术、超高层施工技术、超复杂公建施工技术、建筑信息化技术等方面深入研究、实践,掌握一定核心技术,形成在这种新技术市场的独特优势甚至是垄断地位。

(4)加强标准化管理,在细分市场形成可复制的高品质管理能力,标准化管理不仅可以规范管理,节约资源,更能大幅提升品质。我们要推进企业组织结构和岗位职责的标准化、坚决实行制度和管理的标准化,并在此基础上,努力推行技术、工艺的标准化,通过标准化的管理,统一企业管理行为和现场形象,全面提高产品品质,并可在某些细分市场(如住宅、高层写字楼等)形成自己独有的管理流程、工艺标准和品质特点,占据细分市场制高点。

(5)发展专业能力,形成专业优势。企业可根据自身实际情况,重点发展一两项专业工程施工能力,把专业工程产业链做通、技术做尖、品牌做响,形成明显优势,并可对业主的竞争提供强大的支撑。如钢结构专业、幕墙专业、设备安装专业、高级装饰专业、地基基础专业等。

(6)打造区域优势或领域优势。企业可选择有开发潜力的某一两个地区或一两个行业领域,集中力量重点突破,深度强化跟这些区域或领域的合作,牢牢占据这些区域或领域的主导地位,在发展这些区域

或领域时，可采用投资、与当地相关企业整合、与领域内业主战略合作、合资发展等策略，以建立互信、巩固关系。

（二）走国际化的道路开拓新的市场

我国的建筑市场迟早会进入衰退期，国有大型建筑企业一味固守终将走向衰落，从发达国家大型建筑企业发展历史来看，能生存下来的都是在本国建筑业进入衰退期之前走向了国际市场，走国际化的道路将是我国国有大型建筑企业的必由之路。根据我们的实际情况，在国际化的过程中，应当坚持以下原则：一是要尽早规划，逐步实施；二是先走向欠发达国家，再伺机进入发达国家；三是要先结合国家的技术和资金输出走出去，在建立管理优势和资本优势，大力发展。从当前来看，在国际化的道路上重点要先做好以下几项工作：

（1）树立国际化的视野，要从陶醉于国内市场的快速增长中清醒过来，看清国际化的必然趋势，认识到我们与国际化企业的差距，从思想上真正重视国际化工作，从眼界上长远看待国际化的发展。

（2）培养国际化人才。我们的人员大都没有国外工作的经验，缺乏国外工作的能力，要及早做好国际化的人才规划，招聘、培养能胜任国外工作的人才，重点培养他们的语言沟通能力、国际化合同的管理能力、国外法律环境的理解和应对能力。

（3）培育与国际接轨的管理能力和承包模式。国内建筑企业的管理方式普遍比较粗放、普遍缺乏项目整体策划和统筹的能力、普遍缺乏对国际标准合同和国际惯例的了解、普遍采用中国独有的与国际习惯不同的承包模式，要利用走出去的机会和一切与国际建筑商合作的机会，培养、锻炼国内建筑企业的国际化能力。

（4）做好国际化的市场调研和布局，国际化的道路不可能一步到位，要花较长时间进行培育，经过长期努力才能取得成功，现阶段要认真调研国际建筑市场的特点，确立发展方向和步骤，逐步进行市场布局和发展渗透。

（三）实行多元化战略，努力推动企业转型升级

我国建筑企业数量庞大，行业进入衰退期后，建筑市场将无法承受这么多企业的生存和发展需求，国有大型建筑企业必须尽早考虑转型升级问题，在行业成长期，就应充分发挥自身的市场主导地位和各种资源优势，推行多元化战略，为企业转型升级探索道路。

（1）转型升级要分步实施，逐渐深化，在初级阶段，宜立足相关多元化，进行有益的尝试，可重点发展设计施工一体化，投资带动总承包、保障房开发或代建、城市基础设施 BT 模式投资建设、商品房合作开发等风险可控、资金需求量不是太大的项目，进行一定的经验和资本积累后，可考虑逐步进入商品房独立大规模开发、城市基础设施投资建设并运营、养老设施的建设及经营、旅游独家设施建设及经营、海上资源开发平台投资建设、城市运营等高风险、高回报的领域。

（2）转型升级要尽量与企业自身条件相结合，转型升级既要放开思路，也不能过于盲目，要尽量选择与现有业务有一定联系、企业对其有一定的了解和经验的领域，完全陌生的领域回报再高也尽量不要介入，项目的风险也必须控制在企业可以承受的范围内，不能一着失算全盘皆输。

（3）转型升级要密切结合国家的产业发展方向，转型升级的目的是实现长远可持续发展，必须进入有发展前景的朝阳产业。一定要紧跟国家的产业发展方向，一转成功，不能被眼前短期利益蒙蔽，进入即将进入成熟期的行业。

（四）在企业发展转型的过程中，要统筹安排好企业内部的职能规划和业务分工。

我国许多国有大型建筑企业存在内部多级法人结构，他们目前的业务领域和发展方向基本相似，如果在今后的发展过程中任其发展，不统筹安排，做好内部职能规划和业务分工，形成互补的、差异化的业务分工合作，将会带来不同程度的混乱，影响企业整体发展。国有大型建筑企业应利用发展、转型的机会，理顺内部关系，建立合理的内部组织结构，形成协调、互补的分工合作，保障企业有序健康发展。

国有建筑设计企业
面临的主要难点问题及对策初探

肖 栋

(中国建筑东北设计研究院有限公司厦门分院，福建 厦门 361012)

摘 要：国有建筑设计企业在改革开放和经济建设中，积极推进企业化改制，参与市场竞争，设计业务和企业管理水平得到较快发展。但在目前这个还不太规范的市场竞争环境中，遇到了愈来愈多的问题和困难，比如：企业化改革尚未到位、设计企业业务单一、市场竞争不规范，方案原创能力不强、薪酬体系不健全，设计人才队伍流失现象严重，企业核心竞争力不够，设计企业可持续发展能力不足等等。面对诸多的困难和挑战，国有建筑设计企业该如何应对？笔者提出了深化改企建制；实施"中间加宽，两向延伸"战略，实现业务板块多元化；规范管理，实施品牌经营和联盟战略、拓展经营渠道，提高经营质量；加强核心人才建设、健全薪酬制度；调整创新经营模式，加强专业化队伍建设等措施；以实现设计企业向相近行业拓展，促进企业优化业务结构、组织结构和人才结构，提高技术开发和创新能力，提高国有设计企业的可持续发展能力，以达到提高企业抗市场风险能力，实现企业的可持续发展。

关键词：国有建筑设计企业，改制，难点

一、国有建筑设计企业面临的主要难点问题

(一)企业化改革不到位，产权与经营权不是十分清晰

与民营或已经完成股份改制的设计企业相比，经营与考核激励机制相对受到制约，经营动力明显不足。

截至目前，一大批中央和地方大中型国有建筑设计企业至今尚未完成改企建制工作，有些设计单位法人治理结构有形无实。如权力分散，决策不集中；三会运行效果不佳，没有发挥应有职责；议事规则不健全等等。

(二)设计业务及设计产品单一，抵抗市场变化风险的能力差

长期以来，我国勘察设计行业的业务范围都是定位在勘察和设计。与美、欧等发达市场经济国家为主的国际惯例是不接轨的。同时，在我国传统上是人为地把设计、施工分隔开。由此，国内建筑设计单位长期局限于把业务定点实施在技术设计上，很少有把整个建设投资过程列为业务范围和服务对象。国有建筑设计企业大多数以方案和施工图设计为主要业务。由于区域发展的不平衡，国家政策调控的变化，经济周期的波动，在不同时期、不同地区的设计业务变动差异很大，自然会导致建筑设计业务时好时坏、时紧时松。业务量大时，忙不过来缺人才，业务紧缺时，人才窝工效益差，人才便会流失，导致企业抗市场风险能力差。

(三)市场主体行为不规范、市场机制不健全，国有建筑设计企业的市场营销面临更大挑战

(1)市场主体行为不规范，监管不到位，导致部分业主和有些地方政府过度压低设计取费和设计周

期;有些设计单位违规挂靠。过度的竞争和不规范的压价压工期行为,严重影响和干扰了设计企业以方案原创设计质量与现场服务取胜的经营理念。不利于鼓励设计企业加强技术创新及提高方案水平与优化设计的积极性。

(2)市场机制不健全,优胜劣汰的市场机制尚未形成。建筑设计市场诚信缺乏,违约失信的风气仍比较盛行,特别房屋建筑设计企业,主要以拼价格为主要竞争手段,一部分低素质、低水平企业仍在市场中违规经营,严重扰乱了工程勘察设计市场秩序。加上一些行业的垄断壁垒问题仍然存在,部分地方为保护本地企业又要变相设置市场准入门槛,人为分割建筑设计市场,导致国有建筑设计单位业务拓展困难重重。

(3)设计招标评标办法不合理。目前,设计的招标评标办法大多采用类似施工招标的综合评估法,这不利于选择优胜方案,尤其是部分专家变成评标的"常委"现象,给部分靠做"常委"的设计单位提供了运作空间,这对业主和其他设计单位是不公平的。如何在这种市场不规范的市场竞争中求得生存和发展,如何采取合适的市场地位和合适的市场营销手段,对国有建筑设计企业是一种新的挑战。

(四)方案原创能力不强,人才流动频繁,核心竞争力不够

(1)国有建筑设计企业,大多原创方案能力不强。目前方案原创能力强的大多是国外一些知名的建筑设计咨询机构,国内的主要集中在深圳、上海、北京等地区的方案设计机构和一些大型设计单位、专业的设计公司。一般的国有设计企业,方案缺乏竞争力,只能承担一般的设计项目和施工图设计,经营质量不高,难以产生很高的经济效益。

(2)由于国有设计企业机制和管理上的原因,加上近十年来建筑市场的持续强劲,而市场机制不完善与监管又不到位,一些建筑方案原创人才和各专业技术骨干纷纷流出,有的流向房地产企业,以寻求职业转型;有的自己成立事务所;有的挂靠,多则二三十人,少则十来人,就成一个设计分院;有的连办

公场所都没有,干一个项目换一个单位,谁的管理费低就挂靠谁,短期的效益驱动与不规范的市场体系给他们提供了挂靠的土壤。目前利用在国有设计单位培养的客户资源和人才,利用房地产业主希望设计成本降低的心理,把项目和人才拉出单干的现象已不是个案。

(3)注册建筑师、注册工程师及注册设备工程师等出租、出借外挂现象严重。初步了解,注册设备工程师的年外挂费用已超过十万,短期利益的驱动,导致人证分离现象已成加剧之势,这给国有建筑设计企业的人力资源管理带来了严重挑战。

(4)国内建筑设计咨询机构难以形成自身的专有知识产权,妨碍企业核心设计能力的提升。目前,设计单位的竞争力严重依赖于建筑师永不停息的设计创新,而这种个体创新能力又难以复制,因此规模和业务领域的扩张对设计企业竞争力的提升并没有显著的帮助,反而可能会分散精力,妨碍企业专注于核心设计能力的提升。

(五)薪酬体系不健全,激励机制不够完善,难以激发企业活力

国有建筑设计企业在薪酬管理方面,其一,过分强调产值,导致设计人员只关注自己的设计工作;其二,在薪酬结构中,固定比例比较低,加上绩效奖金和项目完工时间不匹配,员工的工作成果得不到及时反映和激励,使员工缺乏安全感;其三,薪酬未能反映真实岗位价值,没有考虑对个人技能、职称等经验知识的认可,员工容易产生不公平感;其四,激励方式比较单一,长短期激励没有有效结合。

(六)大部分国有建筑设计企业可持续发展能力不足

(1)设计急功近利的心态和做法导致专业化和科研不足。近年来建筑市场持续火爆,在市场机会面前,大多数设计企业心态较为浮躁,把着力点放在"多投资项目、多出图、多创收"上,而对可持续发展的专业水平和科研投入等基础要素建设上重视不够,具体表现在:

①重项目收费,轻科技开发投入;重近期效益,

轻可持续发展的长远效益;重出图数量,轻技术创新成果应用;重项目直接投入,轻人才培训和能力提升;重项目签约,轻技术经验总结机制建设。

②抄袭改仿"克隆"多,精心设计创精品工程少;急功近利承接项目多,潜心跟踪先进技术的科技储备少;购置技术装备多,技术开发投入少;采用"拿来"软件多,自行二次开发少;因循守旧多,管理创新少。

③企业战略发展研究不足,部分建筑设计单位只看眼前没有战略规划,守株待兔式经营,缺乏市场开拓意识,产品结构单一,应对市场风险意识淡薄等。

④企业的技术储备和研发能力不足,人员综合素质差强人意。

⑤以设计咨询为龙头的"走出去"战略进展缓慢,一些大型建筑设计企业主要是依托大型施工企业联合参与了境外一些工程项目的建设工作,真正以设计咨询为龙头带动"走出去"的项目还很少,真正进入国际市场的企业不多,国际竞争力不够强。

二、解决主要难点问题的对策初探

(一)继续深化企业化改革,建立清晰的产权与合理的经营考核分配机制,提高企业经营积极性

国有建筑设计企业要按照国办发101号文确定的改革目标和原则,继续深化国有建筑企业设计单位公司制、股份制改革,加快建立健全现代企业制度。尤其是要深化设计单位产权制度、经营模式改革,探索建立体现技术要素、管理要素参与分配的企业产权分配制度。

(二)积极实施"中间加宽,两向延伸"策略,拓展设计业务,实现业务板块多元化,提高企业抗市场风险能力

国有建筑设计企业的人才、技术和资源优势,通过"中间加宽、两向延伸"战略,完善建筑产业链全程式服务功能,积极拓展设计企业的经营业务范围。

(1)在"中间加宽、两向延伸"业务中,具体包括:投资咨询与策划、项目选址建议书、概念设计、业态动线评估、勘察监测、景观规划、地基基础、施工图审查与优化、造价控制、工程监理、装修设计、设备采购、销售策划及工程后评估等项目管理和代办代建全程式服务功能的业务建设。这些业务是不同业主客观存在的潜在和隐含的市场需求。

(2)国有建筑设计企业应积极推进组建设计集团,积极拓展"中间加宽、两向延伸"业务。

工程咨询设计公司是国内建筑设计单位模式的主要设计方向,是遵循独立、科学原则,运用多学科技术和经验,现代科学技术管理方法,为建设项目决策和管理提供智力服务的公司。这类公司,不仅一般建筑、结构、水、暖、电等所有专业齐全,还包括城市规划、城市设计到建筑、景观和室内装饰等各类设计。其业务范围涉及投资前期的可行性研究和评估,建设项目准备阶段的设计、投标、合同谈判,项目实施阶段监督工程承包、设备供应合约履行,项目总结阶段对项目进行总结评价。有条件的国有建筑设计企业,要积极培养引进规划、景观、造价咨询、装饰设计等方面的人才,建立与市场相适应的长效机制,积极开展和加大"中间加宽、两向延伸业务"的拓展力度。

(3)扩大业务范围,实现业务板块多元化,提高抗市场风险能力。

有条件的大型国有建筑设计企业,应以设计主业为龙头和平台,面向技术、工程、资本三个市场,开展工程总承包经营模式(EPC),包括设计-招标-建造模式、设计-建筑-交钥匙模式和单纯的项目管理,还可发展成为国际化的大型工程咨询公司。以工程咨询为龙头,发展工程咨询业,有利于设计单位优化经营结构,转换经营方式;通过工程总承包,发挥对项目进行整体调控的优势,实现资源优化组合,有利于培养懂设计、采购和施工管理、工程商务的复合型人才,从而加快国有建筑设计单位产业结构调整的步伐。

三、规范管理,明确市场定位,实施品牌营销和战略联盟,积极拓展市场营销渠道,提高经营质量

(1)面对目前尚不规范的市场现状,设计单位要规范自身经营行为,不盲目压价,不违规挂靠,不出

卖图章,守法经营。

(2)要积极研究设计招投标规则和市场办法,采取应对措施,有选择性的参与市场竞争。依靠品牌优势,坚持大市场、大业主、大项目的营销策略。

(3)加强企业公共关系的建立与维护:在目前市场竞争不太规范、信息不对称的情况下,良好的公共关系常常是获得设计业务的重要因素。

(4)实施战略联盟:以"合作、互补、共赢"为宗旨建立新型战略联盟伙伴关系。通过联盟,可以降低市场的交易成本,提高盈利水平,稳定或扩大市场份额,提升技术,避免恶性竞争,甚至获得关键人才或技术。

①与投资商建立长期的战略合作关系,利用技术、品牌及高端人才与管理服务等优势,与"大业主"构筑良好稳固的客户关系,订立战略同盟。争取成为著名投资商的战略合作服务商。

②技术联盟:即与学校、科研机构建立"产、学、研"一体化的创新体制。形成以建筑设计单位的技术应用和工程化为主导,以科研单位的工艺研发、高等院校的多学科综合研究以及生产、施工单位的深化设计为支撑的良好运行体系。

③项目联盟:在一些大型、高端项目上,可与国内外一些著名的设计机构进行项目联盟与合作。国有建筑设计单位有本地的设计团队和地方资质,国内外知名的设计机构有大项目、高端项目方案原创的经验和优势。两者在项目上的联合,既可解决方案创新优化问题,亦可解决异地尤其是国外机构设计与后期服务的成本过高的问题,而且也能为项目的全过程提供及时高效的咨询与设计服务。

四、加强核心人才的建设与管理,提高设计企业的核心竞争力

(1)核心人才能创造发展企业的核心技术,建立技术优势,促进企业管理升级,扩大企业的市场占有率,为企业带来战略性利益,成为企业最具高价值和高独特性人力资本。对以设计创意,质量和服务为主营业务的建筑设计企业,核心人才是那些能够对设计成果起决定作用,对某技术领域有深入研究,有技术专长和业务能力的专家;是协调与沟通,有大局观、领导力、决策力、思维敏捷,又有管理技能的管理人才;是既有专业特长,又有广博知识面,能整合和协调内外部资源,掌握工程项目各阶段与各环节,既有管理才能,又善于经营的复合型人才。

(2)把握人力资源开发的战略高度,树立建筑设计企业发展相适应的人才观,培养管理和发展建设一批由高级专家为主导的纵向梯次专业人才和复合型、专家型管理人才相结合的核心人才队伍。

培养建筑设计企业的核心竞争力必经从核心人才着手,形成与企业发展相适应的人才观,建立一支高忠诚度的核心人才队伍,这是建筑设计企业赖以生存、发展的战略基础。因此,要围绕核心人才队伍的培育、壮大,制定梯次开发策略,包括人才引进,培养、使用和储备及留住人才的实施策略,构建完善的核心人才管理体系,形成与设计企业自身文化与价值观相适应的人才成长和使用机制,不断壮大对企业高度认同的高水平设计人才队伍,以保持和持续提升企业核心竞争力。

(3)加强核心人才队伍建设的管理措施。

①打造员工发展平台,实施核心人才发展与企业发展同步,其一,要加强核心人才职业生涯规划,促进各梯次人才职业目标与企业发展愿景相衔接;其二,要建立多途径的晋升渠道,破除核心专业人才职业发展的天花板,给予足够的发展空间,使企业内的管理、技术、经营等各类人员都能够在合适的职位类别中得到晋升;其三,重视员工培训,制定切实可行的培训计划,帮助员工加快职业发展。通过组织培训增强员工的企业认同感,提升员工的知识、技能与素质、能力,进一步激发他们的创造力与潜能。

②根据企业发展阶段的需要适时引进核心人才。

③健全薪酬体系,吸引、激励、留住核心人才;同时还要不断优化绩效评价体系,不断满足核心人才成就感的需求。

④强化人本管理理念,提升员工忠诚度,最大可

能地留住核心人才。其一,要培养核心人才对企业的认同感,强化组织归属纽带。培养认同感,企业首先要认同员工,坚持以人为本的管理宗旨,在制度规范化管理基础上,最大限度地尊重人才、善用人才、体贴关心人才,以利员工将自己与企业结成利益共同体、事业共同体,对企业的价值取向、经营目标,企业精神和规章制度予以认知认可,理解赞同,并投身其中。其二,要促进企业内部沟通、和谐人际关系,增强员工群体情感纽带。通过各种方式与核心员工对话、座谈、交流,及时地全方位地了解他们的思想动态和真实需求,营造民主、进取、合作的工作环境,建立互尊、互信、协调一致的组织气氛,做到感情留人、环境留人。其三,要增进协同共荣意识,形成企业亲和力文化纽带,为客户提供最佳方案设计和高水平的设计服务是设计企业的使命。需要全体员工形成团队协作来完成。其四,要持续战略宣导,塑造企业愿景与希望。企业要凝聚人心、留住人才,必须让人看到企业未来发展的希望,管理者在推动战略实施过程中,要注重持续、完整的战略宣导。让员工明确战略目标、战略措施、战略阶段计划,让员工看到希望,引导员工在企业战略发展中准确定位,从而自觉融入企业战略实践中,形成强大的企业凝聚力。

⑤规范干部选拔任用制度,构建监督检查的长效机制,建立富有生机与活力、有利于优秀人才脱颖而出的选人用人机制,提高管理人员的素质和综合能力。

五、健全实施有效的薪酬体系,激励设计人员的工作热情,提高工作效率

建立合理的薪酬体系是企业保障战略实现的有效驱动力。建筑设计企业要在研究企业发展现状、匹配发展战略、资源与能力适配的基础上,以"对内有公平性,对外有竞争力"为原则,设计"职位、能力与薪酬"三位一体的薪酬体系模式。具体可采用基础工资、岗位工资加绩效工资等体系相结合,根据岗位职责、设计经验、知识能力及绩效等要求建立比较科学

合理的岗位评价体系。同时可根据市场水平、企业薪酬政策、企业战略等确定薪酬结构、薪酬等级等;还可针对核心人才灵活采取参股、期权激励、利润分享、弹性福利、特殊津贴激励等多种形式,在分配上向核心岗位与核心员工倾斜。以公平、公开透明的薪酬分配方式,反映员工的绩效的岗位价值,使员工明白自己在企业内部的发展方向和职业薪酬上升空间,培养员工的信任感,促进企业内部公平竞争与和谐,从而激发设计人员的工作热情,提高工作效率。

六、调整创新经营模式,加强专业化队伍建设,提高专业化设计水平,通过拥有更多的核心技术,实现可持续发展

国有建筑设计单位要充分发挥企业品牌、管理和技术优势,不断提升高端项目大型项目的比例。坚持实施"突出高端、兼顾中端、放弃低端"战略,就必须加强专业化建设,提高专业化服务能力。如在单位内设置医疗建筑设计院(所)、体育建筑设计院(所)、文化与博览建筑设计院(所)等。各专业院(所)与母体设计单位在组织机构上可以是"独联体"形式的独立经济实体,也可以是母体设计单位的内部机构,这种架构的有利之处在于:其一是各经营主体可以延享几十年来母体设计院积累的历史品牌和社会认同度;其二也符合"专业化、小型化、灵活性"的行业执业特点。国有建筑设计企业只有通过专业化,拥有自己专有的知识产权和核心技术,才能赚取高于市场平均利润的高额利润。

大力倡导创新设计理念促进科技进步。不断创新设计理念是提高我国工程设计水平的前提。当前,就是要紧紧围绕贯彻落实科学发展观,把握科技进步的趋势,不断吸收先进的设计思想,表现手法和技术成果,创新设计理念,实现艺术与技术的完美结合。要充分认识到专有技术是设计单位发展的核心,专业化是设计单位发展的方向。要大力促进行业科学进步的提高。运用现代科技知识和技能精心设计,为人民群众提供优美的生产生活环境。🆔

2012 年国际工程承包市场和中国企业竞争力分析

——2012 年国际工程承包商 225 强业绩评述

赵丹婷

（对外经济贸易大学国际经贸学院，北京 100029）

美国 McGraw-Hill 建筑信息公司的《工程新闻纪录》(Engineering News-Record，简称 ENR)历年公布的国际工程承包商 225 强排行榜 (Top 225 International Contractors)是全球业界公认的权威排名，不仅能反映相关企业的实力强弱，更能反映全球工程承包市场的变化趋势。近日，ENR 发布了 2012 年度的国际工程承包商排行榜，榜单中的数据体现出当前国际工程承包市场的发展状况。

一、总体状况：营业额恢复增长，增速同比大幅回升

尽管近年来金融危机带来的市场剧变和各种不确定因素依然影响着全球经济，但 2011 年的国际工程市场 225 强的海外业务却意外出现了大幅回升的态势。在 2008 年金融危机过后，2009 年国际工程承包商 225 强的海外营业总额的增速从 2008 年的 25.7%跌至 0.4%，而 2010 年的收入比 2009 年略有下降。在经历了两年的市场萎缩后，新榜单的 225 家国际承包商 2011 年全年的海外营业总额达到 4530.2 亿美元，比 2010 年上升了 18.1%。但考虑到当前的国际金融环境严峻以及中东、北非政局不稳，一些国际工程企业对未来仍保持谨慎态度，认为 2011 年以来的回升可能仅为市场波动的表现。

二、地区市场：欧洲、北非市场萎缩，亚太、拉美市场增长迅速

从 ENR 公布的排行榜上看，全球前 225 家承包商的海外业绩主要来自亚太、欧洲和中东这三个地区。其中亚太市场 1 121.95 亿美元，欧洲市场 1 014.63 亿美元，中东市场 830.74 亿美元，三个市场分别占据 24.8%、22.4%和 18.3%的份额。值得注意的是，亚太地区的营业额首次超越欧洲，位列第一。

从各地区业绩变化状况看，加拿大地区 2011 年的营业额（202.02 亿美元）增长幅度位居增幅榜首，相比 2010 年提高了 55.4%，亚太地区（1 121.95 亿美元）和拉丁美洲（385.02 亿美元）的增长幅度排名次之，分别增长了 46.4%和 26.6%。加拿大的市场增量主要归功于加拿大房地产市场的强劲复苏，由于许多大型承包商瞩意于加拿大市场上的 PPP 项目，所以获得了比较持续的运营收入。经历了 2009 年国际承包市场总体规模的发展停滞后，承包商们越来越重视新兴市场的开拓，亚太地区和拉丁美洲的项目收入因此延续了 2010 年的涨势。

欧债危机在 2011 年的全面爆发，导致许多欧洲国家的项目受到冲击，此前经济刺激计划催生的建设项目纷纷提前终止或被叫停，政府转而实施紧缩计划来缓解债务压力，导致许多欧洲的工程项目受到政府减少债务的影响而停滞。由于金融环境的不确定性提高，许多国家对大型项目更加谨慎，即使是当前金融形势良好的国家也会防微杜渐，审慎投资。北欧市场虽然逆势向好，但由于其他地区订单减少，大量的国际承包商间的争夺日趋激烈，使得竞争态势更加严峻。纵观整个欧洲市场，比较令人瞩目的是波兰市场形势保持较好，捷克市场渐显疲态，英国市

场则明显放缓,这使得欧洲未来 3 到 5 年的工程承包市场的走势令人担忧。

金融危机发生后,国际工程承包企业在非洲的海外业绩出现大幅上升,在 2009~2010 年呈现持续增长的趋势。然而,2011 年北非国家政局持续动荡,如利比亚的局势久未平息,投资环境急剧恶化,导致国际承包商纷纷撤离。225 家企业在北非的承包工程市场明显萎缩,市场份额相比 2010 年下降了15.8%。

三、行业状况:交通运输、石油化工和房屋建筑仍占主要份额

从行业分布来看,225 家最大国际承包商的营业额主要集中在交通运输、石油化工和房屋建筑类项目,三类项目合计占比达到 69.9%,较 2010 年下降3.4%。其中,交通运输类的营业额为 1 214.40 亿美元,占 26.8%;石油化工类收入 1 043.34 亿美元,占 23%;房屋建筑类项目达到 911.02 亿美元,占 20.1%。

除上述三类项目外,其他领域的营业收入占总营业额的比重均有所增加。其中,通信建设业务的增幅尤为明显,相比 2011 年收入上涨了 100.9%,而工业领域也出现了 41.2%的增长。三类主要项目收入占比的下降,以及其他项目所占比重的增加,反映出国际工程承包的业务范围呈现出多元化趋势。

四、全球前10强:中国、西班牙企业首次进入十强行列

2012 年 ENR 国际工程承包商前 10 强与 2010 年大致相同(详见表 1),但除了位次变化外,有两家实力集团升入前十强之列。2012 年,法国德希尼布集团(TECHNIP)和西班牙营建集团(FCC)分别从上一年的第 9 位和第 10 位跌出 10 强,而 2011 年排在 11 名与 12 名的中国交通建设股份有限公司和西班牙ACS 集团首次跻身 10 强名单。

本次西班牙 ACS 集团从 2011 年的第 12 名跃升至第 2 名的位置,体现出欧洲建设企业的重大变动。2010 年 9 月 16 日,德国最大的承包商——霍克蒂夫公司被西班牙 ACS 集团收购,截至 2011 年 4 月 11

2012年ENR国际工程承包商前10名　　表1

2012年	2011年	公司名称
1	1	德国霍克蒂夫公司 HOCHTIEF AG
2	12	西班牙ACS集团 Grupo ACS
3	2	法国万喜集团 VINCI
4	8	奥地利斯特拉巴格公司 STRABAG SE
5	3	美国柏克德公司 Bechtel
6	6	意大利萨伊伯姆公司 Saipem
7	7	美国福陆公司 Fluor Corp.
8	4	法国布依格公司 BOUYGUES
9	5	瑞典斯堪斯卡公司 Skanska AB
10	11	中国交通建设股份有限公司 China Communications Construction Group Ltd.

日,ACS 对霍克蒂夫的持股比例已达到 42.6%。霍克蒂夫公司将继续作为一个独立企业帮助 ACS 集团进入亚太等新兴市场。由于西班牙国内市场处于崩溃状态,ACS 集团在海外市场态度十分激进,而它与新的霍克蒂夫公司的关系仍充满着不确定性。有分析认为,国际承包市场上的大亨将会越来越多,重组、并购将在未来一段时间内持续活跃,竞争程度会日益激烈。

从地域上看,前 10 强里欧洲企业 7 家,美国企业 2 家,中国企业 1 家。与往年相似,欧洲企业仍占主导地位,尤其是德国霍克蒂夫公司以 2011 年海外营业额 318.71 亿美元的佳绩,近八年来一直稳居第一。引人注目的是,中国交通建设股份有限公司作为亚洲企业首次进入 10 强榜单,显示出我国国际工程承包企业的海外竞争力和影响力的提高。

五、中国企业总体情况:入围企业增多,整体实力增强,但与国际领先承包商差距仍大

纵观 ENR2012 年度排行榜,我国共有 52 家企业入选(详见表 2),较 2010 年增加 2 家,其中多家企业首次入选。

从以上榜单可以看出,入选 225 强排名的中国企业具有以下几个特点:

(一)海外业绩进一步增长,平均营业额增幅明显

我国入选 ENR2012 年 225 强的企业 2011 年共完成海外工程营业额 627.08 亿美元,比去年的 570.62

2012 年入选 ENR 国际工程承包商 225 强的中国企业

表 2

序 号	2012 年	2011 年	公司名称	营业收入(百万美元)
1	10	11	中国交通建设股份有限公司	9,546.90
2	22	20	中国建筑股份有限公司	4,509.60
3	23	24	中国水利水电建设集团公司	4,399.60
4	24	26	中国机械工业集团公司	4,307.40
5	30	29	中国铁建股份有限公司	3,782.00
5	39	33	中国中铁股份有限公司	2,826.90
7	42	61	中国冶金科工集团有限公司	2,623.30
8	46	32	中信建设有限责任公司	2,417.20
9	48	27	中国石油工程建设公司	2,230.80
10	53	58	山东电力建设第三工程公司	2,019.60
11	62	71	中国葛洲坝集团股份有限公司	1,573.10
12	64	100	山东电力基本建设总公司	1,569.50
13	67	78	上海电气集团股份有限公司	1,546.00
14	77	92	中国化学工程股份有限公司	1,368.10
15	83	80	中国东方电气集团有限公司	1,169.70
16	86	54	上海建工(集团)总公司	1,109.70
17	89	**	中国通用技术(集团)控股有限责任公司	995.6
18	91	86	中国土木工程集团有限公司	968.6
19	92	115	中国水利电力对外公司	954.6
20	93	112	中地海外建设有限责任公司	896.00
21	97	95	哈尔滨电站工程有限责任公司	810.9
22	99	118	中国石化集团中原石油勘探局	777.8
23	104	127	青建集团股份公司	744.9
24	114	83	中国石化工程建设公司	634.9
25	117	125	中国江苏国际经济技术合作公司	582.5
26	123	89	中国石油天然气管道局	535.4
27	125	176	中国万宝工程公司	507.8
28	127	129	中国地质工程集团公司	504
29	131	145	中国大连国际经济技术合作集团有限公司	467.5
30	141	155	安徽省外经建设(集团)有限公司	420.8
31	145	168	沈阳远大铝业工程有限公司	396.7
32	146	113	北京建工集团有限责任公司	395
33	151	154	中国河南国际合作集团有限公司	368.5
34	155	177	中国中原对外工程公司	346.9
35	157	163	新疆北新建设工程(集团)有限责任公司	340.6
36	159	183	中国江西国际经济技术合作公司	336.4
37	164	193	中国武夷实业股份有限公司	329.5
38	166	187	泛华建设集团有限公司	328.4
39	169	158	中国寰球工程公司	319.6
40	171	170	安徽建工集团有限公司	301.8
41	184	**	江西中煤建设集团有限公司	250.1
42	190	206	中鼎国际工程有限责任公司	239.4
43	195	214	浙江省建设投资集团有限公司	232.9
44	199	**	中国电子进出口总公司	227.8
45	203	203	中国石油天然气管道工程有限公司	222.5
46	205	202	江苏南通三建集团有限公司	218.3
47	208	220	云南建工集团总公司	210.1
48	209	200	南通建工集团股份有限公司	204.5
49	215	**	江苏南通六建建设集团有限公司	190.2
50	219	**	中钢设备有限公司	175.1
51	221	**	中国石化集团上海工程有限公司	171.2
52	225	**	威海国际经济技术合作股份有限公司	152.3

注:1."**"表示企业在该年度未参加或未入选 225 家最大国际承包商排名。2.本届排名基本数据为企业 2011 年度对外承包工程完成营业额。

亿美元增加了9.89%。2012年上榜的中国企业的整体实力有所提高,52家企业的平均营业额达到12.06亿美元,相比2011年平均海外营业额的11.39亿美元增长了5.88%。

(二)中国企业整体实力增强,部分企业业务增长迅速

与2011年度榜单相比,我国企业的排名呈现整体上升趋势:有29家企业排名有所提升,1家企业排名不变,15家企业排名下降。中国交通建设股份有限公司连续五年位居上榜中国企业第1名,更跻身前10强行列;中国万宝工程公司今年排名第125位,名次提升最快,比2011年(176位)提高了51位;其次是山东电力基本建设总公司(第64位)、中国武夷实业股份有限公司(第164位)和中国江西国际经济技术合作公司(第159位),名次分别提升了36位、29位和24位。2012年有7家中国企业首次入选。其中中国通用技术(集团)控股有限责任公司首次跻身ENR225强,名列第89位;江西中煤建设集团有限公司、中钢设备有限公司等也因其良好的执行能力首次入选225强。

(三)中国企业凭借国内市场占据优势

ENR榜单的数据从侧面反映出全球建筑市场在经历金融危机四年后所发生的变化。基础设施建设市场的活跃和复苏,帮助国际承包商实现了其2011年营业收入的增长,特别是亚洲、拉丁美洲和中东市场的基础建设投资拉动比较明显。

许多欧美大型承包商破纪录地名列中国企业之后的一个重要原因在于,逐渐壮大的亚洲建筑市场,尤其是中国市场,并未惠及欧美承包商。亚洲市场虽然具有广大的建设空间,但却存在着政治、经济等方面的诸多阻碍,导致国际承包商在选择开拓新市场时,只能对亚洲市场望洋兴叹。

对中国而言,在以包括本国市场在内的总营业收入为依据进行排名的全球承包商225强(Top 225 Global Contractors)榜单上,中国企业占据了前10强中的5个席位。但在以本国以外市场上的营业收入为依据进行排名的国际承包商225强的名单上,却只能看到中国交通建设股份有限公司一家中国企业。这说明中国承包商获得的巨额营业收入,大部分源于国内建设,中国企业的国际影响力、竞争力均处在起步阶段。而中国内陆市场对于外国承包商而言,仍属于封闭市场。因此,中国承包商在总营业收入的增加上,无疑占据了国内业务的优势。

(四)中国企业个体实力仍需增强

在国际承包商225强榜单上,中国入选企业排名虽然有所上升,但入选企业大都集中在名单的后半部分,这说明中国企业的个体实力与国际领先承包商相比,仍有一定的差距。

中国国际工程承包企业在2011年取得了不错的成绩,但与世界一流的国际企业相比还存在着不小的差距。这种差距不仅体现在业务规模上,还体现在产业结构方面。目前我国工程承包企业的海外市场主要集中在亚、非两个地区,业务领域主要集中在劳动密集型的房屋建筑、交通运输和石油化工领域。国际项目在地域和行业上的集中,导致我国的国际工程承包企业的国际化水平偏低,企业经营效率不高,大部分企业规模较小,从而面临着同质竞争,甚至恶性竞争的问题。

总体来看,2012年国际承包商225强平均完成海外营业额为20.13亿美元,比中国企业平均海外营业额约高66.9%。与国际领先水平相比,我国的龙头企业也存在着较大的差距。ENR225强榜上排名最高的中国企业(中国交通建设股份有限公司)2011年度的海外营业额为95.47亿美元,是排名首位的德国豪赫蒂夫公司海外营业额(318.71亿美元)的30%。排名前10位的国际工程承包公司2011年度海外总营业额为1778.12亿美元,而中国国际工程承包公司前十强2011年度的海外总营业额仅为386.64亿美元,与国际先进水平相差78.3%。

当然,中国国际工程承包企业近年来取得的成绩是有目共睹的,但中国与世界一流工程承包企业相比还存在着不小的差距。因此,中国承包商不应因国内巨额营业收入而产生定位偏差和盲目自满,中国承包商在世界舞台上寻求发展的国际化道路,仍然任重道远。

美国如何解决住房问题,避免房地产不景气:
重获新生的房主贷款公司(HOLC) 和重组信托公司(RTC)

保罗·大卫德森 作　廉菲 译

(译者单位:北京交通大学, 北京 100044)

银行偿付能力危机

古人云:"忘过往者必重蹈覆辙"。所以,让我们以史为鉴,看看是什么引起房地产泡沫,我们又该如何缓解这一状况吧。1929 年 10 月美国股票市场崩盘后,在美约有五分之一的银行破产。经济危机于 1930 年爆发。美国参议院委员会举办数场听证会讨论引起此次崩盘的原因。这些听证会均指出 20 世纪前半叶,银行只关注提高有价证券的销量,自身获利,而造成了对于个体投资者的重创。听证会的总结称导致崩盘的原因出自于银行在 20 世纪 20 年代过大增加证券承销业务量。因此,国会于 1933 年通过了格拉斯·史蒂格法案(以下简称格拉斯法案),禁止银行开展承销证券业务。金融机构必须做出选择,是成为单纯的银行贷款机构,还是成为保险公司(投资银行或商业银行)。法案同时也赋予了联邦储备委员会对于银行活动的更大操控权。

其结果是,在之后的几十年间银行产生的抵押贷款不可转卖。原贷款银行深知他们可能会终身承担这些抵押贷款债务。如果借贷人不履行还款义务的话,银行还面临承担丧失抵押品赎回权的费用。因此,原贷款银行在充分调查每一位借贷人的 3C 评价即抵押品(Collateral)、信誉历史(Credit history)和人格品质(Character)后,才会进行抵押借贷业务。

20 世纪 70 年代,经济商行开始提供短期资金借贷,以高利率和支票账户与传统银行业竞争,美国银行的非常规化就此展开。1987 年美国联储局不顾主席保罗·沃尔克的反对,允许银行进行主要的承保业务,其中就包括按揭证券等。同年,艾伦·格林斯潘当选新一任美联储局主席,并支持进一步的银行非常规化改革,意欲与外国银行竞争,此后者是得到许可的大多数银行,主要进行股权投资等业务。

1996 年,联邦储备委员会批准银行控股公司可以拥有获利占公司总收入 25%的投资银行子公司。1999 年,经过 25 年来的 12 次尝试,国会(在总统克林顿的支持下)废除了格拉斯法案。同一年(废除法案几天后)《华尔街时报》发表文章引用了共和党参议员菲尔·格兰姆的话,即他让花旗集团的说客通知"桑迪·威尔接电话,让他致电白宫叫他们趁早收手。"格兰姆的警告过没多久,克林顿总统便宣布支持废除格拉斯法案。国会废除格拉斯法案之后没多久,财政部部长罗伯特·鲁尼便接任了花旗集团主席一职。

历史上的房地产危机

自格拉斯法案废除后,贷款方法和保险承销中的法律约束屏障也就此打破了。这对于贷款发放者来说无疑是一针催化剂,刺激他们去搜寻更多潜在购房者(包含次级购房者)并为他们提供贷款。通常在 30 天内,他们便能有效地将抵押卖给保险商或是自身扮演保险商的角色卖给国外公共的抵押贷款证券公司。因此,只要借贷人至少在第一个月里可以付清抵押款的话,发放者便无需担心借贷人出现拖欠情况。

承保商将抵押贷款打包成债务担保凭证、结构投资载体或其他内行金融载体。之后,他将载体中部分贷款卖给人们不常关注的养老基金、当地的国家税务基金、个体投资者或其他当地或海外银行(例如：英国北岩银行），他们受到信用等级评价机构评出的高级及复杂的金融证券的推动，并且坚信这些投资载体风险较低。由此，自世纪之交以来，这种打包销售、按揭证券的方式助长了房地产泡沫，并使房价在 2005 年达到了历史新高。

2007 年 12 月 14 日，《纽约时报》专栏作家保罗·克鲁格曼发表文章，将房地产泡沫这一结果定义为房价相对于租金或收入来讲，已超出二者间的"正常比例"，从而引发的结果。与格林斯潘持相同观点，克鲁格曼也不建议政府采取措施，缓解有房地产泡沫破裂而引起的压力。克鲁格曼相信市场会通过降低房价来解决这一问题。他预测房价将会下跌 30 个百分点以保持"正常比例"，而这也意味着美国房产价值将会下跌 6 万亿美元。

这样的结果将会是由于借贷人的现有收房贷款超出正常购房者的市场价，许多借贷人将只能收益负资产——这便意味着破产。克鲁格曼表示没有人能为这个问题提供速效良方，他暗示彻底清除这一问题还有很长一段路要走。

许多州抵押贷款均为无追索权贷款（例如：在拖欠或丧失抵押品赎回权后，借贷人并不为抵押贷款平衡和赎回价之间的差价买单）。如果克鲁格曼所谓的房价下跌确实是 30 个百分点的话，将有多达 1 千万购房者只能以收益负资产告终，致使其极为不愿进行还款。在房屋被没收的过程中，成千上万的持房者将会流离失所，多数人在按揭证券投资中损失惨重。

房主贷款公司

但是历史研究却可以为我们提供解决问题的线索。罗斯福政府在 1933 年处理房地产破产问题上为之后美国处理房地产泡沫提供了先例。1933 年，房主再融资行为催生出了房主贷款公司，以对房屋进行再融资，防止被赎回，并且还可以救助抵押贷款控股银行。房主贷款公司获得了巨大的成功，它使 1 百万元的低息贷款比一般贷款的付清时间更长，有效地将月还款额数降至购房者偿还能力之内。在其运作期间，房主贷款公司不仅偿还了债务账单，还小有收益。

其他举措可能包括建立政府机构，将不良房贷从私人资产负债表中消去，进而做到消除被评级机

构误导而购买抵押有价证券人的破产问题。这一结果将阻止证券进一步跌价，避免引起金融市场的混乱。政府建立的美国信托公司自 1980 年银行储蓄危机以来，的确将不良房贷从建筑协会负债资产表中划掉了，也因此阻止了金融危机进一步扩散。另外，国会也考虑建设 21 世纪的重建金融公司，它最初在 20 世纪 30 年代由政府发起组建，旨在破产危机期间协助私营楼宇金融投资和操控。国会应迅速进行整顿，而不是像克鲁格曼所建议的那样，让市场解决，政府则长久地静观其变。不仅仅如此，格林斯潘–克鲁格曼式的市场解决方法也会对其他无辜者（如社区普遍存在的房屋被没收的持房者、工人、在建商业公司和相关企业等）造成间接伤害，损失惨重。

在我们静候国会对提案规划作出行动时，联邦政府应把握时机，开始基础设施重建计划，以促进经济走出长期疲软之势，为长远的生产力鼓劲。很明显，美国现有超过 50% 的桥梁和其他公共设施破旧老损，有什么好方法可以弥补建设业的损失，又推进本国的运输生产力水平？答案是每一美元都用于重建完善基础设施。这样一来，不仅能为美国工人带来就业机会，还会使国内企业增添利润。

对潜在反对者的回应

可能有人会认为这一解决房地产泡沫的提议花销过大。他们还会质疑美国纳税人是否应该为银行、金融机构、个人投资者和作出愚蠢决定的次级借贷个人等来买账。帮助这些机构和个人只会助长"道德危机问题"：保护作出决定的个人或机构免受经济损失只会鼓励他们今后作出更冒险的决策。原因便在于他们知道政府会干预进来，解除破产危机。那么，对于提出上述争议的反对者应该如何回应呢？

首先，2008 年经济衰退花销巨大。如果我们不采取任何举措只寄希望于联邦政府对银行降息的话。通过上述建议可以断言，最坏的情况就是 2008 年经济缓慢下滑。美国经济很有可能通过重建基础设施而有实质性的增长。显然，这些益处远远超过了衰退期间长期以来潜在的损失。

其次，这一提议也避免了对无辜局外人造成间接经济损失。如果我们依靠市场降低 30% 的房价，上

面的这一现象就极可能发生。这些无辜的局外人包括：①现有持房者，社区中有大量止赎住房者尤甚。②已破产的未完成房屋押金的潜在购房者（《纽约时报》头版刊登了关于卡罗来纳州利维特建筑商的类似情况）。③建筑家装产业正式聘用的工人和商户。④将收入用于购买他们自认为安全的债务抵押债券的当地政府，⑤养老金领取者，他们的年养老金在投资抵押贷款资产时，遭受损失。

但若采取上述提议，除去几家合并投资银行承销的子银行的大银行外，又有哪家银行会面临破产，有新闻报道称必要时，这些大银行会提出"流动性认沽期权"（例如：许诺买回部分资产），这意味着若发生经济危机，这些银行的资产债务表可能会变为该银行和/或其子银行的表内账务。这也部分解释了大银行的一些现象，如：摩根·斯坦利和美林证券等其账务的一笔勾销。总之，虽然这些银行之庞大使其很难破产，还是要制定救市举措。小的地方银行因规模不大很难进行重大的投保活动，但是如果他们创造了抵押资产并卖向公众，那么不还款的可能性也就在没有"流动认沽期权"的情况下消失了。反对政府救援者现在只能抓着"道德危机问题"不放。但是如果国会21世纪通过的法案其功效与格拉斯法案等同，并阻止了银行贷款可转卖，那么，我们将可以依法阻止人们为推迟资产负债表而购买首发高风险贷款并因此再次破产的行为。

历史还告诉我们纳税人因大规模救助计划就备感绝望是没有必要的。纳税人是否注意到除去媒体持续报道他们可能遭遇的种种不利之外，他们是否有为了解决储贷危机而进行花销？储贷危机的直接结果是否是个人和公司收入的纳税率增长？

纳税人花销问题的谬论

纳税人为救助金融机构而支付的花销也是媒体主要讨论的热点。而主要讨论的问题"纳税人需要花费多少？"这多少透漏出对于遏制经济危机和衰退的政府政策还存在不深思熟虑的偏见。问政府遏制金融市场灾难的政策会花费纳税人多少钱这种问题，其经济理论基础是无论政府采取何种措施改善金融市场，整体经济活动都不会改变。换言之，问题背后的微观

理论便是其他条件不变假设——国内生产总值将很长一段时间遵循长期不变的充分就业趋势规律。

因此，如果因金融危机而出现不景气现象，这便说明一段时期的GDP增长线低于充分就业趋势线，之后市场自身调节机制会使经济恢复按预期的充分就业曲线发展。但另一方面，如果政府采取积极的政府措施去解决房地产破产问题，那么就有了一种假定，即必须从充分就业规律线中扣除占Y%的纳税人花销。如果问题依上述不着边际的理论为框架的话，人们应该先比较X%与Y%的大小，若Y的数值高于X，那么政府就不应采取任何措施。

虽然在事实发生前无法预计即将到来的经济萧条究竟损失多少，人们依然能估算出政府计划运作的支出。而引人注意的是政府计划制定起来要比缓和的经济萧条花销更大。因此，之前关于纳税人花费的不着边际的理论才总倾向于"什么都不做"观点。原因在于他的假设是经济在自我调节时，市场机制确保GDP迅速回升至充分就业率时的GDP。

然而，在现实当中，根本不存在长期的且可预知的GDP充分就业率曲线。如果政府直接采取措施，美国宏观经济表现也会在短期及长期上均有所改善。但是，若政府将问题留给市场处理，那结果就有可能是经济萧条，或者更有可能酿成经济危机。因此，若政府采取措施，美国纳税人的平均收入会比依赖市场解决问题时更有所提高。倘若政府不采取行动，公民收入将会经历大幅削减。因此，设计合理有效的政策，避免经济危机对于国家经济而言百利而无一弊。

让我们一同看看历史实例：若提出"究竟要花费国家和纳税人多少钱？"这一问题，那么这一优秀政策就可能与实施失之交臂了。布雷顿森林会议上，人们公认欧洲诸国需要紧急援助以恢复战后经济，凯恩斯估计援助款数大约在1 200至1 500亿美元。美国代表亨利·迪克特·怀特则指出国会无权叫纳税人交出30多亿美元。因此，凯恩斯计划在布雷顿森林会议上遭到驳回，成员国采用了迪克特的提议。

假设1946年美国政府在4年内援助欧洲各国1 300亿美元用以回复其战后经济会怎样（此为1946年汇率，折合成2007年相当于1 500亿美元）。显然，

若迪克特是对的，国会就不会通过马歇尔计划，但也由于它没有提前表示将援助国外政府4年内1 300亿美元，国会才会批准此项计划。该计划每年援助欧洲政府的资金占美国年GDP的2%。对于美国经济及其纳税人，马歇尔计划是不是有些花销过大？

数据表明，马歇尔计划执行期间，美国在历史上首次没有在战后就立刻经历严重的经济衰退。抛去1945年联邦政府用于物品服务资源的支出下降5%这一事实，二战后的四年间，联邦政府花销仍约是1945年时的一半。

美国于二战中崛起时，联邦债务占GDP的100%多。因此，对于联邦政府来说，支出加大政治压力，还要确保债务不会进一步扩大。那么，显然不是"凯恩斯"的赤字开支使美国在二战后迅速走出衰退的。

那么，马歇尔计划究竟花费了美国经济和纳税人什么？1946年，人均GDP比战前和平时期要高出25%；同样在马歇尔计划实施期间，人均GDP也在不断增长。除去损失了2%的GDP，美国民众（及纳税人）每年的生活标准均有所提高。显然，马歇尔计划并不会让美国纳税人觉得实际收入中开支过大。

在欧洲各国借马歇尔计划提供的资金购买美国出口品供给民众又用其弥补国家资产，因此，马歇尔计划对欧洲而言益处颇多。在美国，尽管900万男女从战场归来，但失业率依然不是一个棘手的问题。马歇尔计划促进美国出口经济增长，也部分弥补了由政府削减开支而带来的总需求下降问题。但美国出口增长并不是唯一的弥补方法，战后消费需求也在增长。但若没有马歇尔计划，那么美国出口业便不会有增幅，反而会如欧洲各国一般穷尽外国资产而最终迎来出口量下降的局面。

总体而言，政府一事不做相比马歇尔计划是否就没有成本花销？反对者所言的美国民众不得不将生活水准降低2%这一情况，只有在GDP与战前无马歇尔计划时一样才说得通。真有人相信此种说法吗？

类似房主贷款公司和重组信托公司等相关机构的支出

据已有资料显示，房主贷款公司在运作周期内所获利润不大。1933至1935年间，房主贷款公司花30亿美元以债券形式在银行购入抵押贷款，并以此为储蓄贷款银行减缓潜在经济衰退压力。此外，若不是因为房主贷款公司，许多房屋将面临没收。经济危机只会变得更加严峻。更多美国人很可能因此会露宿街头（或胡佛山庄），并且美国房地产股票也会因无视房屋没收而进一步走跌。

房主贷款公司通过自身收入和贷款来经营运作。国会则从未为房主贷款公司拨款（注意：这也使房主贷款公司开始进行表外业务）。这一行为要求房主贷款公司发放由美国财政部担保的带息债券，且到期时间不超过18年。一年后财政部的担保便扩展至各主要部门。尽管房主贷款公司只向公众发放贷款，可最终房主贷款公司回收基金的主要渠道却并非货币市场而是直接向财政部借款获得的。1936至1940年间，房主贷款公司共直接向美国财政部借款8.75亿美元。

重组信托公司由国会于1989年组成，以替代联邦储蓄贷款保险公司以及应对近750家储蓄贷款机构破产的情况。作为管理者，它卖掉已破产的储蓄机构资产，以支付给受保储蓄者。在1995年，包含存款银行的存款保险在内的职责转交给了储蓄协会保险基金会。

1989年存贷款危机爆发，当时执政的共和党允诺不会增加新的税务。然而，执政党意识到了大量问题和麻烦，其中包含解决大量存贷款破产和支持重组信托公司等。首届布什政府明确表示重组信托公司不会再因该项目而向纳税人进一步征收新税。

在与国会的多次辩论中，重组信托公司的启动基金囊括了来自财政部的188亿美元和自身拥有的312亿美元（因此还连带预算外责任）。在1995年，重组信托公司整合成为了一家更大的政府机构，并且最终未能有任何公开账目显示重组信托公司是否盈利。

总的说来，尽管建立类似于房主贷款公司和重组信托公司这样的机构成本不小，可是这些开支并不会对美国纳税人造成什么损失。这些机构减缓了经济压力，相比之下，要比通过紧缩市场解决房地产和金融泡沫要更加利大于弊。

韩国三星工程的发展与启示

张哲，周密

（商务部研究院，北京 100731）

韩国的承包企业以其自身优势，在全球占有一席之地，而三星工程公司（Samsung Engineering Co. Ltd，以下简称"三星工程"）则是韩国最顶尖的工程建筑公司之一。2012 年，在世界建筑业权威杂志《美国工程记录（ENR）》评选出的国际工程承包商 225 强排名中，三星工程公司名列第 15 位，是唯一一家进入前 20 名的韩国公司。然而，三星工程成立只有 40 余年，与工程承包行业不少用于百年发展历程的领先者相比，真是非常年轻。韩国企业发展比中国企业早，但发展阶段并未脱钩，其发展经历对中国企业的借鉴性较强，值得我们仔细探究。

一、发展历程

三星工程的发展大致可分为四个阶段：

1.政府指定开展工程业务（1970~1979年）

20 世纪 70 年代，为了摆脱国外技术的限制，确保能够给韩国持续稳定地供应各种原材料以及发展重工业，经韩国政府指定，成立了第一家专业工程公司——韩国工程。

2.三星工程时代的开端（1980~1990年）

三星集团收购了韩国工程，开始投资新兴重化工业。以三星的实力为依托，三星工程成长迅速，服务不断拓展，取得了长足的发展。

3.飞跃为世界顶级承包商（1996~1999年）

1991 年，公司正式更名为三星工程，进入跳跃式发展阶段，以其先进的技术水平，在建造、石化、炼油工业等多领域具备一定优势。

4.全球领先的工程公司（2003~至今）

随着公司的发展，三星工程逐渐在国内外市场具备了一定的垄断优势。三星工程现有员工 7 000 余人，拥有 1 700 余个项目。目前，三星工程在中国、美国、英国、巴西、沙特阿拉伯、阿尔及利亚等 20 余个国家设有分支机构，其业务市场主要分布在东南亚和中东地区。

二、油气相关业务奠定公司盈利基础

三星工程业务范围广泛，涉及行业众多，在对国际经贸发展趋势的预判基础上把重点放在两大业务领域：一是油气业务，包括炼油厂、天然气、石油化工产品和上游油气产业；二是工业和基础设施，包括电厂、冶金、水处理和工业设备。

1.海外业务占据公司七成份额

从表 1 中可以看出，近 5 年来，三星工程的 ENR 排名稳步上升，并在 2012年达到了历史最好水平。三星工程的海外业务营收额、全部业务营收额和上一

2008~2012年三星工程公司ENR排名 表1

年份	排名	上一年营收（百万美元）		上一年新签合同额（百万美元）
		海外业务	全部业务	
2008	46	1 650.0	2 367.0	5 165.0
2009	53	1 856.7	2 455.3	4 651.1
2010	35	2 618.3	3 506.7	8 781.8
2011	34	3 070.0	4 660.0	8 064.0
2012	15	5 907.3	8 062.3	10 207.0

年新签合同额整体保持了稳步上升的趋势,海外业务占比均稳定在70%左右的水平。从海外业务来看,2008~2011年业务营收增长平稳,但2012年的海外业务营收相对于2011年增长近1倍,相对于2008年翻了3.5倍。全部业务和上一年新签合同额与海外业务的情况类似。

2.油气业务尽显公司卓越实力

从《美国工程记录(ENR)》历年统计中也可看出,近5年来,三星工程的工业和油气业务在其所有营收业务中均保持在88%以上,有的年份甚至高达97%。专注于工业、基础设施和油气业务,使得三星工程公司的专长逐渐显现,通过大量的项目实施积累了许多宝贵的经验,其在此领域的竞争力也得到了迅速的提升。

3.危机之下公司业绩不降反升

由于2008年爆发金融危机,全球市场需求持续低迷,工程承包行业也受到了不小的影响。这一年,三星工程的新签合同额仅为46.51亿美元。然而,金融危机并没有使三星工程公司陷入泥沼。随着全球经济触底反弹,大宗商品价格快速上涨,促使相关投资和基础设施建设需求快速上升,三星工程在2009年的新签合同额迅速提升至87.82亿美元。

三、以恰当管理模式提高公司管理效率

三星工程注重公司管理架构搭建,优化全球治理结构,并在供应链管理和风险管理方面形成了自身特色。

1.组织结构注重适应新的外部环境

三星工程组织结构如图1所示,除按照一般惯

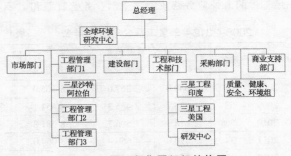

图1 三星工程集团组织结构图

例设有市场部门、工程管理部门、建设部门、工程和科技部门、采购部门、商业支持部门外,还独立设置了全球环境研究中心和质量、健康、安全、环境组,为其工程项目的良性发展,增加与环境的融洽性发挥了重要作用。

2.股权结构引入外国投资者加强监督

三星工程的股权结构如图2所示,本国投资者持股22%,三星附属机构(包括股份回购)持有27%,外国投资者持有41%,其他投资者持有10%。外国投资者持有的股份比例较大,既凸显了公司国际化的发展,又向全球展现其经营业务的透明性。

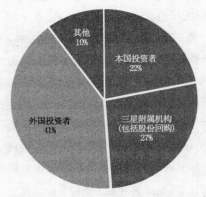

图2 三星工程集团股权结构图(截至2011年8月)

3.高水平供应链管理是降低成本的保证

三星工程将经销商和供应商作为最重要的商业合作伙伴,这主要是因为他们能够决定产品和服务的质量水平。所以为了能够提高产品和服务的水平,以及实现持续性增长,三星工程会支持、引导和发展经销商和供应商。三星工程在选择经销商和供应商时遵循公平和透明的原则,重点考察他们的质量和能力。利用与一些经销商、供应商建立的商业关系,提高科技发展水平并控制产品成本。

4.风险管理是公司业务稳定的重要保障

公司业务的发展需要各方的支持,也受外部不确定因素的影响。为了保证公司的未来发展具有稳定性,并且尽量减少不必要的损失,三星工程自2005年开始一直掌握着充足的现金流,基本保持零债务,大幅降低了流动性风险。此外,公司还采取了汇率套期保值的风险管理政策,尽可能地避免因为汇率波

动而带来的财务损失,这一措施进一步降低了公司的运营风险。

四、良好企业文化支撑公司拓展

企业文化的影响力不可低估,拥有良好的企业文化可以保持公司的可持续发展。三星工程重视企业文化建设,这一举措不仅激励了员工的积极性,也推动了公司的可持续发展。

1.以口号鼓励和引导员工行为

三星工程的企业口号——扩展你的世界(Expanding Your World),表示了其渴望实现无限的价值。

2.以发展策略支持目标的实现

为实现中长期发展目标,三星工程制定的发展策略包括4个关键部分:提高全球营销能力、取得更高的执行竞争力、确保新的增长点和简化企业管理。公司通过开发新客户、市场和服务;加强与合作伙伴的合作,以改善项目成本、进度、质量和整个价值链;在能源、水处理、发电和钢铁领域寻求新的增长点;简化人事、组织、流程和成本结构,以实现发展目标。

3.积极承担形式多样的社会责任

三星工程为了帮助那些需要帮助的人,开展了多种形式的志愿者活动。公司员工作为志愿者,每个月都会对孤儿院、社会福利中心等机构提供志愿服务。不仅如此,公司还会参与当地农村的各种农业活动,不仅帮助了当地农民进行农业生产,还维系了村民和员工的友好关系。三星工程还与联合国环境规划署联合开设了一个网站,用于培养儿童和青少年的环保意识,并组织儿童和青少年参与环保行动。

4.通过企业文化宣扬企业精神

三星工程在其企业文化建设中寻求开放性、自主性和多样性。公司选择使用LCC原则来使所有员工实现以上这些元素。LCC原则即领导力(Leadership)、挑战(Challenge)和客户(Clients)。"领导力"体现协调和整合的能力,"挑战"是指公司需要激情和野心,"客户"代表着思想和客户利益。

为了对LCC原则进行补充,公司还宣布了5条行为规范准则,即:做一个领导者(Be A Leader);团队合作(Be A Team);做一个挑战者(Be A Challenger);做一个合伙人(Be A Partner);做一个同事(Be A Coworker)。

五、重视人才培养

三星工程十分看重人才,把其视为公司的财富、精神和希望,通过组织各种培训,提高员工个人素质,为公司发展提供保障。

1.鼓励员工挖掘自身潜能

在工程建设、经营上的成功,一定程度上取决于员工的协调和领导能力。为此,三星工程鼓励员工发挥自身的工作能力和领导能力,以此保证公司的可持续发展。

2.开展全球专业人员培训

对于三星工程来说,招聘和培训全球化专业人才对于应对未来的不确定性非常重要。公司培训新员工和核心人员(项目经理、施工经理、主管工程师、项目采购经理),并提供国内和国际MBA、区域专家,GBL(全球商界领袖)职业发展的机会,促进员工的发展。另外,公司还通过在线培训、学习小组和读书活动为员工们的发展提供帮助。大力投资员工培训项目,培养全球化领导者是三星工程的发展目标之一。

3.推动员工加强自主学习

三星工程建立了员工自我学习制度,以此帮助员工主动改善和发展自己的工作技能。这个制度不仅能让员工能客观评价他们自身的技能水平,也能帮助他们利用评估结果设定一个符合自身的发展计划。对公司而言,建立自主学习的企业文化极大地促进了个人能力发展,并且提高了公司的竞争力。

六、三星工程带来的启示

随着我国经济发展速度的提升,综合国力的增强,我国工程承包企业也加快了海外市场拓展的步伐。政府和企业共同努力,有助于帮助中国企业实现更好发展。

1.加强政策引导和促进

韩国对承包工程的支持和管理较为完善,政府为对承包企业提供支援,并进一步扩大工程承包量,于1999年2月8日出台了《海外建设促进法》。该法对韩国对外承包工程工作的主管部门、执行机构、申请及承揽工程程序、监督及奖惩办法作了具体规定。同时,韩国政府先后制定、出台了"扩大参与海外成套设备、建设、信息等社会基础设施建设方案"、"中长期海外建设振兴计划"和"对外工程承包推进战略",并通过国家进出口银行、对外经济合作基金、出口保险公社为对外工程承包企业提供资金支持。韩国建设交通部对外承包工程的执行机构——海外建设协会通过扩充对外承包工程信息网络、培养专业工程承包人才,为韩对外工程承包的发展提供了良好的要素条件。

中国政府可以通过加大基础教育投入、科研投入等方式提高本国的技术水平,同时通过完善金融市场融资体系,规范保险市场来为本国建筑与工程承包提供人才、技术与资金支持,改善要素条件。通过制定法律法规,实施倾斜性政策来辅助工程承包相关上游产业的发展。通过政府谈判努力开拓外国工程承包市场,通过政策指导来为国内产业的发展提供良好的环境。

2.增强工程企业的资本实力

三星工程背靠韩国三星,拥有强大的资金实力作为支撑,帮助其在拓展海外工程项目时攻城掠地,一路向前。当前国际工程承包行业发展对资金要求日益提高,对全球工程承包企业提出较大挑战。由于自身缺乏力量,中国工程承包企业在发展过程中存在先天不足、积累薄弱的短板。企业需要注重资本运作和融资能力的培养,善于运用内外部金融资源,实现良好发展。

3.更多涉足油气上游业务

市场需求决定了企业的发展方向,能够把握市场需求就能够获得更大发展。三星工程虽然并非韩国最大和实力最强的工程承包企业,但也充分利用

其自身优势,抓住行业中利润最为丰厚的地方,把有限资源用于在这些领域的业务发展。通过资源的集中使用,三星工程获得了较为丰厚的利润,特别是在国际资源价格不断上涨的情况下,油气领域的工程项目支付可以得到保障,且项目数量和规模保持增长。三星工程在中东的沙特、阿联酋、阿尔及利亚等油气生产、加工的项目,以及在拉美地区的资源运送和传输能力建设项目为其发展提供了有效支撑。我国的工程承包企业在发展中也应当避免千篇一律的"摊大饼"发展,避免同质竞争,适当寻找有效切入点,形成自身特色和优势。

4.强调团结公司内部员工

三星工程在企业文化上提倡拓展业务,不仅在公司层面上不断提升业务能力,增加业务深度,而且提倡公司员工的拓展。在不断积累知识的情况下,三星工程重视员工的团队合作和角色分工。全球范围,工程大型化的同时出现知识技能要求的高端化和业务分工的专业化。在项目团队内部,依据各自的知识水平合理分工,形成有效配合。中国工程承包企业在文化建设和项目能力建设上也应该下更大功夫。不仅要提高员工的技术和知识水平,加强学历教育与技能相结合,维系队伍的稳定性,也要注重培养团队协作能力,形成各有专攻、相互配合,能打硬仗的人力资源队伍。⑤

建筑施工企业创新商业模式探索

乔传颉

（中建一局集团建设发展有限公司，北京 100102）

摘　要：本文在介绍商业模式创新定义的基础上，对经济危机后企业在商业模式创新方面面临的竞争性背景进行了简单描述，对"十二五"规划背景下企业创新商业模式的市场发展机遇进行了宏观上的总结和展望。并以此为基础，从商业模式创新的主要组成部分顾客价值创新与盈利模式两个方面对国内外大型建筑企业的主要商业模式进行了比较，并重点阐述了德国 HOCHTIER、法国 VINCI、瑞典 SKANSKA 等国外大型建筑企业的主要盈利模式。同时，基于公司现有主营业务，对公司商务模式创新路径进行了初步探索。

当前大多数施工企业均面临诸多难题和困惑：如何从粗放经营向集约经营转型？如何避免因随机发展导致的战略陷阱？面对扩张，如何构建运作流畅的多层次、多区域的纵向和横向管控体系？在跨区域高速发展中，如何进行管理风险控制？如何进行多元化，特别是建筑企业进入房地产行业为何很难成功等等。

一、传统施工企业发展模式现状

1.企业发展缺乏明确的战略指导，盲目性较大

接到什么类型的项目就干什么类型的项目，随机发展，目标和运营方式随时进行调整的发展模式下，企业一方面不可能对发展战略进行深入思考，而是"脚踩西瓜皮——滑到哪算哪"，也无法在特定的领域定向积累和发展相应能力，长此以往，彻底丧失步入良性发展的轨道，也就注定不能获得持续竞争优势并发展出稳定的商业模式。

2.同质化竞争使大多数施工企业深陷产业利润池最底层

目前，大部分施工企业主要业务集中在产业链上利润水平最低的业务，一方面受到产业链上高端价值环节的挤压，另一方面，原本不高的利润还受到诸如分包、转包、回扣的侵蚀；企业处于低水平、低能力——低附加值项目——低收入、低利润——低积累，无发展——低水平、低能力的恶性循环之中，难

以自拔。看看施工企业上市公司寥寥无几就可以知道情况有多严重了。

3.管理水准严重制约了施工企业的快速发展

经营管理理念和水平较差，缺乏应用先进的经营管理手段的冲动，信息管理技术和电子商务在建筑中的应用几乎还是空白。无论是在工程设计、项目管理还是信息系统方面，计算机软件的应用水平都比较低，许多设计、施工企业，包括大型企业，甚至缺少国际招标所要求的应用工程软件如 ETABS、Primavera 等；在施工中采用先进的施工工艺和材料的力度不大，科技含量不高。

此外，对于建筑法律、规范、专业技术标准以及相关配套技术文件的条文缺乏准确理解，设计、施工过程中随意性较强很普遍。

4.由于挂靠和分公司带来的风险管理问题突出

总公司的管控能力有限，监管不严，就面临巨大的风险。而且，由于总公司承担了所有风险，风险被数倍放大，集团发展的稳定性显著下降。由于挂靠，分公司经营问题导致集团财务、法务和税务整体受损的案例越来越多。

综上可知，传统施工企业经营模式严重制约了企业的发展壮大，究其深层次原因如下：由于市场经济的深入推进，工程建设领域中的各种矛盾日益显现，旧的基建投资体制、勘察设计体制、施工管理体

制与国际化、市场化的竞争规则已不相适应，需要整个行业准确地把握工程建设领域内在的发展规律，进一步认知工程建设领域对立统一的关系。一方面，借鉴国外的先进经验，政府主管部门应加快完善我国基本建设，特别是投资、承包体制改革和相关政策法规的步伐，加快政府职能的转变；另一方面，目前我国大型国有建筑施工企业产品单一、生产方式落后、技术含量差、管理粗放、增产不增收，"十二五"期间又面临着经营战略转型、产业结构优化升级的巨大压力。转变发展观念，创新发展模式，把国家"十二五"发展战略机遇期转化为企业改革和发展的收获期已经成为大型国有建筑企业的重大课题。

二、商业模式创新外部环境背景分析

目前国内建筑业尚继续处于稳定发展时期，但建筑业的发展受到国家发展政策、法律环境等各方面的影响和制约。正确、及时把握"十二五"规划背景下与国家投资发展方向相关的信息，不仅对制定具有前瞻性、可行性的"十二五"发展规划具有重要意义，它的执行也将对企业的长远发展产生深远影响。

国家发改委 2008 年 11 月即已发布"十二五"规划重大问题研究指南，发展环境、产业结构、城乡区域和资源环境成为确定的 43 个重大课题的一部分。宏观上，城镇化推进和新农村建设成为发改委确定的"十二五"规划八大重点之一。区域发展方面，"用区域发展的空间约束，实现科学发展、可持续发展，是中国的国家意志落实为区域规划的顶层发展战略"，长三角、珠三角、京津冀作为中国现在和未来三大增长极，已经并继续引领着中国改革开放经济的快速前行，广西北部湾经济区发展规划、辽宁沿海经济带发展规划、京津冀都市圈区域规划、促进中部地区崛起规划、淮海经济区、成渝区域规划等区域规划的审批通过都将成为未来城市发展的重点（2009 年批复通过 12 个国家战略规划，2010 年皖江城市带承接产业转移示范区等规划通过审批）；北京 CBD 东扩、南城计划、通州国际新城等规划相继出台及紧邻北京的河北廊坊市下辖的三河、大厂、香河、固安等地对接措施的迅速出台，都表明未来建筑业存在较大的发展机遇；产业结构方面，新能源、新材料、节能环保、航空航天等战略性新兴产业、城市化带来的地铁等基础设施建设进一步发展。

三、商业模式创新的竞争性背景

商业模式创新已成为经济危机后企业发展最重要的关键词之一。无论行业外或行业内作为高层建筑施工服务提供商的中建建筑各局、上海建工等都已意识到商业模式创新的重要性和紧迫性，不仅付诸努力并已取得了一定了成效。2009 年 9 月，中建三局与武船重型工程有限公司（"武船重工"）签订战略合作协议；10 月，中建三局股份钢结构公司承接广州珠江新城核心区市政交通项目，进入市政施工领域；2010 年 3 月，中建三局与武汉蔡甸区签订武汉市后官湖生态宜居新城基础设施投资建设合作框架协议（投资约 27 亿）；5 月，中建三局中标二环线武昌段和汉阳段投资建设–移交(BT)工程等。

中建国际除在房地产领域夺得通州静水园地块、朝阳区三间房地块，与中保地产联合中标朝阳区奥体南区 3#、4#、5# 地块等房地产工程外，并于 2010 年 4 月中标地铁 14 号线。中建八局通过前瞻性加大基础设施领域投入 2.4 亿余元并因此得以承建重庆轨道交通及哈大等项目。此外，北京建工集团、广州建总、五洋建设集团、山东建工集团通过采用 BT、BOT 的模式融资到本土及其西部等边远地区进行房地产和制造业以及文化教育产业的投资开发，并产生了良好的社会效益和经济效益。"如果企业能比竞争对手更快的创新商业模式，它就被认为是敏捷的。"标杆企业模式创新的速度已对本企业的发展和在中建总公司的地位构成了威胁，创新商业模式体现的不仅势在必行且更为紧迫。

四、建筑施工企业模式创新的战略规划

1.唯有战略规划才能对行业本质进行深度的研究，进行再剖析，再思考，设计并实践新的发展模式

建筑施工行业一般被认为是劳动力密集型、低技术含量、低员工素质、低附加值行业，如果没有进行深入系统的战略思考、研究、规划、实践和反思，形

成有机的战略管理循环,则企业很可能就停留在路径依赖式的低水平重复阶段。由于看不清哪些能力需要发展、需要积累,甚至是定向积累,因此,集团不可能发展出足以打破低水平重复巡回的新能力,集团也就了无希望和生机。

严介和及太平洋建设在一段时间以来,受到不少质疑,被负面新闻所困扰,企业的运营、发展,重要的投资项目受到负面影响。其中有外部环境的原因,也有太平洋建设在管理上的某些不足,甚至有严介和个人的某些弱点因素。但不能只以成败论英雄,不可否认的是严介和及他的太平洋建设在中国建筑施工企业战略规划和发展模式创新上有不少独到之处,值得玩味和借鉴。

如严介和用BOT的手法,介入市政工程,并低成本购并大型国有施工企业。虽然太平洋建设目前有一些负面新闻,但不能掩盖严介和在该领域的探索。

太平洋建设集团以BT模式大规模介入市政工程市场,即带资建设城市基础设施后再移交业主,由业主分期还款。例如,假设太平洋集团为某城市建设一个耗资1亿元的某项目,市政府有关部门只需付30%左右的首付款,其余款项可按工程进度逐年支付。但是,严介和的真正用意是通过为欠发达地区搞BT建设,与地方政府建立良好的合作关系,从而能够以"零成本"、"零竞争"方式收购当地国有企业,由其重组后,或经营或出售而获利。

应该承认严介和的战略构想是基于对施工行业的深入理解,对政府运作模式和国企改革方向的洞察,经过深思熟虑而逐步设计的战略构想,其通过低价收购国企并重组的方式来实现利润最大化,是施工企业集团资本运作的重要标本。

严介和的问题是战略规划完美的,战略执行漏洞巨大。严介和正是在收购国企上面栽了大跟斗。严介和收购欠发达地区国企有"四不":很少或根本不进场尽职调查、不管各自所处行业相差多么悬殊、不需要提供收购可行性研究报告、不考虑地区经济发展现状,加之严介和缺乏收购成功最为关键的人才和整合能力,其收购与整合当地国企的成功概率很低。严介和没有解决如何通过基于母子公司管控的

整合,提升被并购企业价值,并使这种价值在市场上得到实现。

2.城市综合运营商模式

所谓城市综合运营商是指施工企业站在城市经营的高度,从事城市(或开发区、新区、大型社区等)基础设施及房地产的投资、建设、运营,从简单的施工、房产企业升级到城市发展建设整合服务商,实现从施工企业向服务企业的转型和升级。

作为区域发展建设整合服务商,施工企业将逐步成为建设项目的孵化器、区域建设"超市"、区域建设招商平台、区域项目运营平台,并结合基于产业链延伸到多元服务提供,创造若干可复制商业模式,从根本上提升施工企业发展空间。

广厦控股是建筑施工企业践行城市综合运营商模式的典范。

天都城项目就是广厦"造城"运动的典型:广厦计划用6年到8年的时间打造天都城项目,并提出了"先做旅游、后做房产、总体规划、滚动开发"的发展模式。作为21世纪的"卫星城",天都城涵盖了一个城市所需要的大部分设施,预计可居住人口超过10万人。其项目内容包括欢乐四季公园、天都国际度假中心、欢乐大街、天都广场、欢乐广场、天都文化体育广场、21世纪世界家居文化和建筑艺术博览会以及商业、运动、生活、娱乐、教育等相关配套。

无论是对广厦,还是对中国房地产业,这无疑都是一个里程碑式的项目。它既是中国"造城运动"的开篇之作,也是中国城市化道路上"企业经营城市"理念的最早实践和示范。以此为标志,中国房地产业的发展模式,也立即从"大盘时代"进入了"造城时代"。虽然,天都城开发过程中遇到不少挑战,甚至是挫折,但天都城项目的探索意义和启示价值对于建筑施工企业而言都是巨大的。

3.基于产业链延伸,逐步实现多元化发展

在施工、房产二元化的基础上,施工企业按照建设项目特点,实现基于产业链的多元化发展,提供从规划、策划、设计、招标代理、勘察、施工、采购、监理、装修、建成运营等全过程或某几个流程价值点整合的阶段性服务,成为房产施工领域的一级供应商,这

是建筑施工企业打造新发展模式的重要探索。进而，施工企业可以积极拓展基于产业周期互补的多元化发展。进入发展周期与建筑房产相反的产业，形成良好的产业组合，降低企业发展的系统性风险。

布依格是国际知名建筑施工企业集团，是一个相当多元化的公司，除传统的建筑业务外，旗下的布依格电信是法国国内三大电信运营商之一，旗下的法国电视一台拥有国内31.5%的收视率。不过布依格公司的国际业务主要集中在道路建设与维修业务和工业与民用建筑业务上。

2005年，公司的营业额为240.73欧元，比上年增长了11%，但由于布依格进入了不少高附加值服务行业，电信和电视行业，其营业利润和净利润却增长了42%和25%，有力促进了今天经营绩效的整体提升。

4.进入资本市场，实现集团资本运作是施工企业进一步做大、做强必然的举措

目前中国资本市场正处于快速、规范的发展过程中，施工企业一定要利用这个机会进军资本市场，打造集团资本运作平台，提升企业发展水平和运作层次。

中铁工程作为中国建筑施工行业的重要代表，它的上市为热闹非凡的2007中国股市超大盘IPO中奏出漂亮的句号。中铁工程是集勘察设计、施工安装、房地产开发、工业制造、科研咨询、工程监理、资本经营、金融信托和外经外贸于一体的多功能、特大型企业集团。目前集团总资产为1 014亿元，有31个子公司，主要包括中国海外工程公司，中铁一局、二局、三局、大桥局、电气化局及隧道、建工集团等14家特大型施工企业。

没有哪一家跨国大型建筑施工企业公司离得开资本运作和金融平台，它是企业发展的平台。中铁的信托基金发展很好，不过它们只是用来配合企业的发展，不是专门去搞金融经营。上市后，中铁工程发展进入一个全新阶段。原来不敢想的可以规划了，原来想到，但没有条件完成的可以利用资本市场创造条件来完成了。

下一步中铁工程的发展战略是调整产业结构，打造一个上、中、下游一体化产业链的大企业：上游是建筑业的上段，投资运营BOO、BOT的项目、房地产、海外开发项目等，要大力开发，这样才能提高利润水平，才能抗风险；中游就是现在做的工程施工，一年要做1 000多个亿，中铁会继续扩大中游，抓住中国基础设施大发展的机遇。中游是品牌的象征，不管怎样一定要维护；下游主要是发展一些为上、中游配套或服务型的产业，是产业链的延伸。

5.通过有效整合的并购重组迅速做大做强

全球化时代，公司并购高潮迭起，特别在中国施工行业中，目前行业集中度较低，竞争处于较低水平，行业发展缺乏大型领导企业集团的支撑和引领，亟待进行整合。

但施工行业的并购整合将面临重大挑战，很多并购案例都以失败告终。并购后整合不如预期是并购失败的最主要原因。施工企业要逐步建立基于资源和能力的并购后整合的模式，在纵向、横向、时间和空间四个维度进行整合，同时在战略、公司治理、财务、组织与业务流程、人力资源、制度、文化等领域进行全面整合与协调。同时，在整合过程中要建立专门的并购整合管理机构，强化并购整合经理和团队的领导作用，确定并及时优化整合计划，通过整合成效评价测度体系把握整合水平和进展。

法国万喜公司(VINCI)是充分利用并购重组武器快速做大做强的典型。万喜公司在2000年收购了另一著名的建筑承包商GTM后已经连续几年成为全球建筑业老大，万喜公司长期盈利性增长的动力主要来自于并购重组后业务的迅速成长。2005年，万喜公司又收购了法国国内著名的公路特许经营商ASF，使直接运营的公路总长度达4 687km，从此又多了一个法国最大的公路特许经营商的头衔。

借助施工业务积累的优势，VINCI深度介入了运营业务，目前运营着4 687km的公路以及7座桥隧，80万停车位，此外集团还有机场等运营项目。截至目前，VINCI已经有超过60%的净利润来自运营业务(Concession)，已成为集团最为重要的业务，虽然该类业务占收入比重仅17%。相反，贡献40%收入的建筑工程业务仅创造了18%的利润，息税前利润率仅为5%。

6.中建在施工领域拥有一定比较优势,国际化是发展的必由之路

中建总公司是中国建筑施工企业国际化成功的典范。中建总公司坚持走国际化的路线,目前在60多个国家和地区建立了分支机构。埃及国际会议中心、阿尔及利亚喜来登酒店、香港新机场、埃及开罗国际会议中心、俄罗斯联邦大厦、美国曼哈顿哈莱姆公园工程……一系列富有象征性的指标式建筑,均由中建承揽完成。

中建总公司海外经营累计完成合同额近400亿美元,连续多年稳居中国对外承包企业榜首,市场份额约占我国1 700多家对外经营企业全部市场份额的20%。而且海外运营为中建带来了丰厚利润,据统计,中建海外经营的营业收入只占总公司的25%,实现利润却占到总公司的75%。

中建的海外拓展到成功绝不是偶然,首先,中建已经在国际市场上铸造了一批标志性工程;其次,中建培养了一支高素质的国际化队伍;其三,中建在世界上形成了一批优势市场,呈现比较合理的国际化市场布局。特别是队伍建设上,中建现在已拥有三支跨国经营的精锐之师。中国海外集团、中建国际建设公司、国内各工程局和设计院。这三支队伍在"中国建筑"的统一品牌下,按照区域化经营的要求,参与不同国家的国际大竞争,都取得了重大突破。

五、创新商业模式探索之一——投融资建造模式

1.提升市场竞争力 创新项目总承包管理思路

在建筑项目管理历史的进程中,坚持实施大企业"蓝海"战略,由单一承包工程走向全价值链的多元经营结构,以多种方式推动与国际接轨的工程承包,以绿色节能建筑、经济和精益建造为目标的相关技术、设计、施工的集成和创新,以获取资本回报为目标的多领域、多元化的资本运作,将会大大促进大型建筑施工企业自身的快速发展。在经济全球化的前景下我们要站在国际大公司跨越式发展的战略层面,全面落实科学发展观,在原始创新、集成创新和引进消化吸收再创新方面加大力度,借鉴国外先进

的各种管理模式,包括BOT、DBOT、EPT、BT等,研究适应我国工程建设的模式,提升大企业国际竞争力和精益建造新模式的水平。

基础设施的项目建造和总承包管理可以作为大型施工承包企业的突破口。基础设施项目是资本高度密集的高端项目,项目建设前期资金的投入量大,在建造时间内项目资金、各种生产要素的配置与管理过程的优化匹配会对项目最终结果产生重要影响。特别是在项目前期策划方面,如何在设计项目融资结构、途径、策划建造活动过程进行有机结合,合理地安排资源投入,将会大大提高项目经济效益和有效降低风险。也就是说,基础设施项目的高回报和高风险决定了建造方式特有的全过程管理需求。一方面,为适应这种客观规律,基础设施项目的建造应该由一个专业的项目代理人全面负责项目策划和监管运行,包括融资、投资、设计、施工和运行的一体化管理,同时现有建设项目管理体制需要尽快进行配套的改革和调整,包括有关法律、法规的制定和完善。另一方面,传统的工程承包商仅仅在其中扮演着施工角色,是低层面的经营,越来越不适应大型建筑施工企业发展和建筑市场竞争趋势的需求。

2.融资建造模式及其内涵

融资建造模式(Financing Construction)正是这种创新的一个重要体现,它为大型承包商实施"蓝海"战略拓宽了视野。施工承包商毕竟不是投资商,但融资建造模式以承包商的视野,站在项目投资商的高度,在保证社会责任的基础上,使融资运作贯穿项目建造的全过程,提升项目总承包与业主监督的层次。通过项目投资与建造有机的、集成相关社会因素和生产要素的项目,规范、提炼和升华项目建造的各种管理活动,大大提高项目建造过程的社会效益和经济效益。这种模式既不同于传统的项目投资和施工总承包,也不同于现在比较流行的BOT模式,是将融资、设计和建造三位一体,符合总承包商运行需求的一种"以融投资带动总承包"的创新模式。

融资模式在众多的项目建造方式中具有基础性、拓展性的独特魅力,既不是单纯的投资活动,也不是简单的设计加建造活动。它将传统的生产经营

与资本经营相结合,以金融工具、资本市场和基础设施项目为载体,特别是政府基础设施项目市场化、企业化运作,借助项目融资的特点解决建设资金来源问题,借助工程总承包特点解决优化设计和精细化建造问题,把项目总承包管理方式及企业与相关社会因素有机地整合和优化配置,使承包商、业主实现社会、经济效益双赢。这种模式有利于国民经济和基础设施建设的健康发展;有利于完善社会主义市场经济,促进企业成为市场经济主体和政府职能的转变;有利于建筑业及大型建筑施工企业加快经营结构的调整和产业结构优化升级的步伐;有利于大型企业提升国际化、集团化、专业化的层次;有利于促进不同企业在不同经营层次上就位;有利于大型企业在国际市场上提升综合竞争力;有利于国内外一体经营,保障"走出去"战略模式的实施质量;有利于企业拓宽思路,提高效益、发展规模和品牌影响力,是一项由承包商实施项目融资建造的崭新事业。

3.融资建造模式的特点和优势

融资建造模式的基础是发挥承包商工程管理的专业优势,通过融投资方式实施项目建造的活动。投资者为了获得经济效益,将一定的资金投入到某个特定项目的一种经济行为就是项目投资。投资必须有资金资源,由此伴随的是融资活动。项目融资是投资者为了投资特定的项目所需要,通过一定的渠道、采用一定的方式、在一定的条件下筹措一定量资金的一种商业行为。项目投资者的背景、财务状况、投资项目的预期经济效益和风险水平等情况,决定了融资的结构、条件和项目运作等基本特征。同时融资又制约着投资,融资方式的不同决定了投资方式和结果的不同。其中项目融资与传统的公司融资方式存在着明显的差异:一方面项目融资的投资者为了建设某一个项目,一般先设立一个项目公司,以该项目公司而不是投资者母体公司作为借款主体进行融资。银行等债务提供者在考虑安排贷款时,主要以该项目公司的未来现金流量作为主要还款来源,并且以项目公司本身的资产和预期的项目收益作为贷款的主要保证。项目融资的特点是项目导向、有限追索和风险共担。这种方式的优点在于能够有效规避因

传统公司融资的无限追索方式可能导致的企业风险。另一方面项目融资过程采用的抵押贷款方式是以物权担保为前提的,并在物权担保下构成一种具体的贷款形式。根据我国最近颁布的《物权法》规定,物权担保的形式主要以不动产、动产和有关权益作为偿还贷款债务的保证。投资者可以根据这项法规利用投资项目本身的预期收益进行贷款担保。原因是借款人以资产作抵押从银行取得贷款,虽然转让了其财产所有权,但一般不转移财产的使用权,借款人仍然可以使用其资产进行生产,以使用该项资产的收益来清偿贷款。一旦借款人发生违约事件,贷款银行有权变卖抵押品,卖得的价金享有优先清偿的权利。由此不难看出这种项目融投资的方式既有利于金融机构,也有利于投资商,是双方共同规避风险、提升投资效益的双赢途径,十分适合承包商的自身特点及其融投资活动。更为重要的是,承包商通过融资建造不仅可以解决资金和资本的筹集问题,而且可以通过项目的投资实现项目设计、施工一体化的管理模式和效益回报,大大提高施工企业的产品和管理层次,奠定承包商从源头切入高端市场的定位。可以说,融资建造以项目为载体,把企业品牌、专业人才与资本密集、技术密集和管理密集有机结合起来,具有其他项目建造方式所没有的特殊竞争优势。

4.融资建造模式的实施方法和途径

当然,融资建造模式涉及众多的知识和学科,包括相关现行法律、法规及复杂的管理内容、工程技术、项目管理和金融、投资、保险知识等,是一门专业性和综合性比较强的系统性、应用性学科,对工程承包单位、国家主管部门、工程咨询监理、建设业主、投资商、银行、证券、保险公司及各类管理人员都有着直接的指导或借鉴作用。

在工程项目建造和总承包的事业中,融资建造模式的实施方法和途径已经成为当前建设行业的重要课题。从实践出发,提出围绕"品牌、人才、资本、技术、管理"五位一体的要素,构建融资建造带动工程总承包模式,加快形成企业创造高额价值的核心竞争力。

以社会效益和社会责任为基础,构建企业的核心价值理念,塑造世界知名的承包商品牌,使承包商

在更高层次上按照和谐社会要求就位,履行企业和项目的社会效益所应尽的责任和义务。品牌重在信任,信任即讲究信用、诚信。承包商要在新的诚信体系下完善体制,把信任价值充分挖掘出来,对股东、客户体现更高的诚信。一分信任一分产品,一分品牌一分价值。大型企业的文化内涵应该是尊重,是对客户的尊重,对员工的尊重,也是对股东的尊重。保证各方的利益就是最大的尊重,也是信任的重要表现,这是融资建造模式的核心理念。

依据承包商的市场优势和自身特点,应科学策划融资建造的运行管理过程。融资建造是一个复杂的融投资管理过程,成功与否的关键在于对相关复合型人才的培育和使用。一方面人才培养的重点主要在于围绕融投资建造项目的要求,造就一批复合型、多学科、属地化的人才队伍,研究操作过程中的企业风险和应对措施,合理界定承包商所需要的转型内容和途径。另一方面承包商要引导和安排人才对政府的相关政策进行探讨、研究,提出有利于行业发展的各种建议,及时与政府和相关方进行沟通协商,为项目融资建造提供方便的政策环境。从实用的角度讲,后者对于承包商的意义更大。

承包商要以崭新的角度关注项目的核心因素和环境条件,通过技术层面的分析、判断、评估,确定项目综合预测、项目可行性研究的决策。融资建造是一个集众多资源、风险于一体的复杂过程,需要大量适宜、科学和先进的技术手段,其关键是要坚持引进、消化和集成创新,推进高端技术为核心的融投资管理,导入金融、投资、营销操作的技术方法,构建项目策划、设计、施工和供应一体化的项目管理方式,形成数字化、信息化的预警网络,以减少承包商项目预测、分析和实施的失败风险。

从项目投资需求入手,承包商应围绕资金的密集型特点研究各种融资模式的优点、缺点、难点和风险,确定承包商融资方式的组合、投资策略、管理的要求和操作方法,不断增强企业的项目融资和资本运营能力。融资建造需要大量的资金,对资本具有较高的依存性。企业资本状况的优劣将直接影响银行、投资者对企业信任程度,影响着企业的融资能力,衡量的指标包括企业现有的自有资本状况、融资水平、借贷履约能力、偿还信誉等。因此大型承包商必须着力培育组装社会要素、社会资本的能力,持续壮大企业融资建造的资本实力。

按照项目融资建造的管理密集型特点,承包商应合理确定项目效益的目标管理和成本控制重点,实施关键少数的过程因素管理,确立灵活、有效的财务、成本和效益管理机制。这里的管理是多向的,体现在企业与合作者、相关方、员工的关系中,反映在每一个过程的精心控制和协调中,多向的管理可以促进流程优化、提升建造效率。从这个角度看,良好的管理状况可以使企业避免"大公司病",开拓更广阔的融资渠道,降低企业的建造成本,推动融资建造事业的发展。

融资建造模式是立足国内企业多年从事工程承包、项目投资、基础设施项目经营和管理的经验基础,研究国内外融资建造项目的成功案例和失败教训,经过归纳提炼的,可以说是国内工程项目融投资、建造实践领域和融资建造理论研究、管理实施领域的一次有益探索。当然任何新生事物都是在一定条件下形成的,都是作为发展的过程而存在的,不可能尽善尽美,融资建造模式也如此。一方面,融资建造模式效益大,风险也大,必须通过有效的风险预测和过程控制才能达到预期的目标;另一方面,融资建造模式本身在运行中也必然会存在一些不如意的地方,包括与现行体制和传统模式形成错位的方面,需要实践者不断改进和完善。

结　语

建筑施工企业在目前良好的宏观环境和外部环境中,一定要克服传统包工头文化带来的负面影响,抓住整体市场规模稳步增长,资本市场发展迅速,国际国内技术和资源合作日趋频繁,国际化业务拓展空间巨大的历史机遇,解放思想,积极向国内外标杆企业学习,积极探索新的发展模式:系统战略规划和管理、城市综合运营、多元化发展、利用资本市场、并购重组整合和国际化。逐步形成一套适合企业特点和资源能力的独特的新的发展模式,提升企业发展平台和发展空间。🇬

预拌混凝土行业的现状及发展趋势

吴志旗

（新疆西部建设股份有限公司，乌鲁木齐 830063）

摘　要：预拌混凝土，在建筑材料市场中占有重要的地位，是现代混凝土技术发展史上的重大进步，是建筑施工走向现代化的重要标志。预拌混凝土的本质是指由水泥、骨料（主要指砂、石）、水以及根据需要掺入的混凝土外加剂、各种矿物掺合料等成分，根据对混凝土特质的需求而按一定比例，在搅拌站经计量、拌制后出售，并采用运输车在规定时间内运至使用施工现场进行现场浇筑的混凝土拌合物。笔者从几个方面分析了中国乃至世界预拌混凝土行业的现状及发展趋势。

预拌混凝土，在建筑材料市场中占有重要的地位，是现代混凝土技术发展史上的重大进步，是建筑施工走向现代化的重要标志。由于在城市施工过程中，预拌混凝土具有一般商品的交付性质，因此将其称为商品混凝土。预拌混凝土是与在施工地点现场搅拌的混凝土相对而言的，其本质是指由水泥、骨料（主要指砂、石）、水以及根据需要掺入的混凝土外加剂、各种矿物掺合料等成分根据对混凝土特质的需求而按一定比例，在搅拌站经计量、拌制后出售，并采用运输车在规定时间内运至使用施工现场进行现场浇筑的混凝土拌合物。

一、预拌混凝土行业的现状

（一）国外预拌混凝土行业的现状

欧美预拌混凝土行业的发展已经进入了成熟阶段，预拌混凝土使用水泥占水泥总消费量的比重远高于发展中国家。发展中国家预拌混凝土行业刚刚起步，发展空间较大。

1.欧洲国家

ERMCO 是欧洲预拌混凝土协会成员国的简称，其中除了希腊、西班牙、土耳其等个别国家的预拌混凝土行业还保持着较快的增长，其他国家基本进入

了成熟稳定状态（图 1）。多数欧盟国家近三年预拌混凝土产量增长趋缓甚至下降，预拌混凝土人均消费量维持在 1m³ 的高位，西班牙、冰岛等国甚至高达 2.1m³，相对于中国 0.4m³ 来说，这些国家的预拌混凝土发展已经进入了成熟阶段。

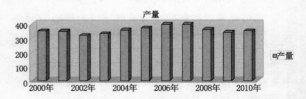

图1　欧盟17国近10年预拌混凝土产量变化情况（百万m³）

2.美国

美国预拌混凝土 2005 年产量为 4.58 亿立方码（约为3.5 亿 m³），2006 年产量与此相当，为4.56 亿立方码（约为 3.49 亿 m³），这两年是美国预拌混凝土年产量最高的两年，人均产量约 1.56 立方码；受全球性经济危机的影响，2009 年预拌混凝土产量为2.69 亿立方码（约2.06 亿 m³），与2005、2006 年相比，降幅高达 41%，人均产量也下降至 0.8 立方码。到2010 年预拌混凝土产量仅有 2.58亿立方码（图 2）。随着经济危机影响的减退，美国预拌混凝土产业进入复苏期，根据美国波特兰水泥协会（Portland CementAssociation,

PCA）最新的预测数据，美国水泥年产量将在2013年达到1.12亿t，该产量基本与历史最高水平持平。如果该预测能实现，届时预拌混凝土的产量也将恢复至2005、2006年的水平。

因此可以说，预拌混凝土在美国的应用还有一定的潜在市场，但同时也需要进一步的努力来与其他建筑材料争夺市场份额。

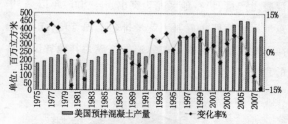

图2　1975~2008年美国预拌混凝土产量变化

3.发展中国家

相比较而言，发展中国家对预拌混凝土的认识和使用才刚起步，参照发达国家70%以上的混凝土的使用情况，发展中国家的预拌混凝土市场还有很大的市场空间。随着预拌混凝土被发展中国家建筑业界逐渐认识和有识之士及政府的推广，越来越多的商品混凝土搅拌站和工程混凝土搅拌站陆续出现。北非、南亚等国家基础设施建设蓬勃发展，预拌混凝土也将得到重点推广和普及。虽然目前发展中国家预拌混凝土的市场份额与发达国家相比相当低，只占整个混凝土的5%左右，但在工程承包商和政策制定者的推动下，预拌混凝土的市场份额将迅速增长，在未来的几年里预计将以50%以上的增长率增长。

（二）中国预拌混凝土行业现状

中国预拌混凝土行业起始于20世纪70年代末期，20世纪90年代开始获得蓬勃发展。统观整个商品混凝土行业，具有建材行业的一般特性。预拌混凝土在我国的建筑材料市场中占有重要的地位，从2001年到2011年，我国预拌混凝土总产量从9 943万m³增长到了14.2亿m³，年均增速接近30%。就目前来看，中国预拌混凝土行业的现状具有如下几个特点：

1.混凝土产业政策对行业健康发展起主导作用

由于预拌商品混凝土发展初期缺乏规模效益，价格高于现场搅拌混凝土，如没有限制或禁止现场搅拌的政策法规出台，预拌商品混凝土市场开拓十分艰难。国家对发展预拌混凝土高度重视，出台了一系列强有力的禁止现场搅拌混凝土方面的地方政策法规，为预拌混凝土的快速健康发展提供了保障。

2.混凝土搅拌站利用率低且规模效益不突出

随着我国的城市化进程不断向前推进，商品混凝土在全国大中城市得到了迅速发展和推广应用，混凝土搅拌站也得到了高速发展。目前我国混凝土搅拌站生产企业众多，产品已形成系列化，有些技术已经超过进口混凝土搅拌站的水平，其中部分产品具有自动化程度高，生产能力高，称量精度高，投资少，搅拌质量好，能实现多仓号、多配合比、不间断地连续生产以及搅拌主机及其主要元器件的国产化程度高等优点。但我国的混凝土搅拌站还存在着整体技术含量不高，普及率不高，地区差异较大，智能化程度不高和环保性能不高等缺点。

中国混凝土行业历年来设备利用率在50%左右徘徊，平均单个搅拌站每年的实际产量小于20万m³，规模效益难以显现。过去几年的高增长除了宏观经济利好等因素外，行业进入门槛低，只要具有一定的资金或市场，任何企业和个人都可建站经营等因素也在另一方面促成了行业高速度发展，但同时也为行业进入恶性竞争埋下了隐患。

3.混凝土产品结构调整任重道远

中国混凝土发展至今取得了很大的进步，但是预拌混凝土占整个混凝土行业的产量还是较低，与世界各国相比还存在着很大的差距。美国预拌混凝土占所使用混凝土产量的84%，瑞典为83%。紧随其后的为日本、澳大利亚，而中国目前预拌混凝土所占比例不到40%。未来几年我国混凝土行业仍处于高速增长期。行业产品结构调整势在必行，现场搅拌混凝土将逐步被预拌混凝土所取代。

4.行业整合时机未成熟，行业集中度低，缺少龙头企业欧美发达国家混凝土行业集中度高,排名前十位的混凝土企业当年销售量占世界混凝土总销量已经超过10%;美国前6大混凝土厂商占美国市场份额为20%;德国前5大企业市场份额为47%;英国前5大企业市场份额为90%;法国前5大企业市场份额为64%;西班牙前6大企业市场份额为37%。

中国混凝土年产量已占世界混凝土年产量的50%左右,是世界上生产和消费水泥、混凝土最多的国家。2011年中国前十位混凝土企业销量7558万m³,占全国销量的5.3%,国内最大的混凝土生产企业华润水泥的销量不足行业销量的1%,全国混凝土企业数量却达到4042家;未来行业整合空间巨大。

5.行业内竞争加剧,产品毛利水平逐年降低

由于行业集中度低,市场秩序混乱,再加上原材料、开发商等上、下游的强势,很多企业以低价格、高垫资来获取订单,且往往靠牺牲质量来控制成本,从而导致行业利润低、应收账款高,产品质量难以保证。华东、华北及沿海发达地区进入诸侯割据时期,价格竞争激烈,由于缺少行业龙头企业,降低了与采购方进行价格谈判的优势,行业合理利润难以维护。

6.企业管理粗放,缺乏专业管理和技术人才

行业人力资源整体水平较水泥等其他行业差,技术、营销等专业人才匮乏,制约行业发展。行业整体技术水平不高,研发水平较低。预拌混凝土产品具有本身不能储存、运输半径短、保供要求及时等特点,使它区别于水泥、钢材等建材产品和单纯的建筑

施工行业,所以它更应该成为一个服务行业。大部分地区混凝土行业缺乏整体规划,在市场准入、质量管理、运营管控等方面的标准化程度低,优秀企业想要做大做强比较困难。

7.区域发展极不平衡,西部地区异军突起

国内预拌混凝土区域发展极不平衡,地区差异较大。华东、华北及中南地区占据了中国一半以上的混凝土产量,华东地区尤为突出。自2006年以来,华东地区连续四年混凝土产量排名全国首位,江苏、上海及浙江商品混凝土的急速发展成为其他省市关注的焦点。

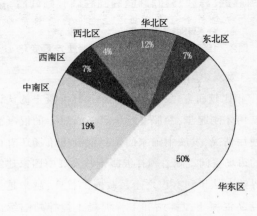

图3　中国各区域商品混凝土比例

但是从增长速度来看,西北和西南地区增长幅度最大,华东地区增长幅度最小,由此看来,华东地区将不再是全国混凝土行业发展的增长点,取而代之的是西北地区,这很大因素取决于国家西部大开

2011年中国十大预拌混凝土企业排名　　表1

排名	公司名称	混凝土产量(万方)	全国占比(%)	销售收入(万元)	平均单价(元/方)
1	华润水泥(HK01313)	1383	0.97%	410,304	297
2	上海建工材料(SH600170)	1150	0.81%	378,785	329
3	冀东混凝土	1050	0.74%	350,617	334
4	中建商品混凝土	919	0.65%	312,800	340
5	金隅集团(HK02009)	738	0.52%	230,000	312
6	上海建工构件(SH600170)	600	0.42%	198,000	330
7	西部建设(SZ002302)	586	0.41%	210,178	359
8	江苏伟业	378	0.27%	135,100	357
9	上海城建	377	0.26%	124,900	331
10	江苏名和	377	0.26%	120,900	320

发政策的引导。

由此，反观西北部地区，混凝土产量占全国总产量的比例稳中有升，究其原因主要是区域发展总体战略的影响所致。而西部地区的着力点放在稳步提高自我发展能力上，加强基础设施、生态环境、公共服务和人才队伍建设力度，积极培育特色优势产业发展。政策表明，国家在区域协调发展方面已经着手制定更加明确的实施细则，这将对未来东部与西部固定资产投资规模和预拌混凝土投资力度有着重要影响。

（三）新疆预拌混凝土行业现状

由于笔者在新疆从事混凝土生产经营工作十余年，对新疆预拌混凝土行业较为熟悉，因此单独详细分析新疆混凝土行业现状。

1.市场前景

2011 年全疆销售预拌混凝土约 2 350 万 m³，比2010 年同比增长 47%；全疆人均混凝土产量已超过1m³，乌昌地区人均混凝土产量高达 2.4m³，在全疆各地州排名中遥遥领先，这也说明该地区混凝土市场竞争强度极高，市场环境变幻莫测；全疆人均混凝土产量 1m³ 以上的地区还有哈密、克拉玛依、石河子和库尔勒等四个地区，这四个地区混凝土市场即将进入成熟期，这些地区在未来一定时期，混凝土产品的销售量增长缓慢，逐步达到高峰，接着会出现缓慢下降，混凝土产品的销售利润也会开始下降；市场竞争日趋激烈，新生的混凝土搅拌站不断涌现，混凝土供需矛盾日益突出，形势不容乐观。

乌鲁木齐地区混凝土市场占新疆混凝土市场46%的份额，接近半壁江山，在新疆混凝土业行业中处举足轻重的地位。各地州中市场份额在 5% 以上的地区有库尔勒、阿克苏、石河子、伊犁、哈密、喀什和塔城等地，这些地区在未来较具增长潜力，是新疆混凝土行业的新兴市场。

根据自治区建材"十二五"规划，2015 年预拌混凝土产量达到 3 500m³，期间年平均增长速度为9%。远远低于"十一五"期间年平均 34% 的增长速度，新疆混凝土行业预计在 2013 年进入市场成熟期，此时市场增长会放缓，竞争更加激烈，混凝土产品销售利

润率会不断下降。此外，国际国内经济形势低迷，尤其在中国房地产行业大幅萎缩的态势下，混凝土行业发展形势不容乐观，行业内部将会出现较大调整。

同时，遵照自治区建材"十二五"规划要求，预拌混凝土行业新建预拌混凝土站，属地州城市单站年产不低于 20 万 m³，其他地区不低于 10 万 m³。新疆混凝土生产将出现规模化变革。

尽管国内大的经济环境处于调整阶段，但是，随着援疆建设和西部大开发进一步深入，新疆 2012 年计划固定资产投资 6 000 亿元以上，预期增速28%，比去年计划高 3 个百分点。其中计划安排事关发展全局的重大基础设施和重点项目 300 项，投资 2 000亿元以上。

从经济发展看，"十二五"期间，地区生产总值年均增长 10% 以上，全社会固定资产投资年均增长25% 以上，五年累计完成投资 36 000 亿元；从基础设施建设看，中央财政支持资金预计达到 2.12 万亿元；从房屋建设看，"九五"以来，全区房屋建设量逐年增加，年增长达到 7.7%，预计到 2015 年新疆全社会房屋竣工面积将达到 7 500~7 700 万 m²，其中住宅约 5 500 万 m²。

综上所述，新疆"十二五"规划确立的城镇化战略新格局、产业集群格局、大型煤化工和煤电基地、大型水利建设、公路铁路网络建设等等均为地区混凝土行业发展带来机遇。

2.存在的问题

（1）水泥供应。预拌混凝土的主要原材料为散装水泥、砂石料。散装水泥成本可占到混凝土成本的40% 左右。新疆，尤其是乌鲁木齐，水泥价格位居全国第一。去年高峰时期普硅 42.5 水泥价格高达 800元/t。近 5 年，普硅 42.5 水泥平均价格在 550 元/t 以上。而内地同类产品价格在 300 元/t 左右。而且，新疆水泥行业垄断比较严重，水泥企业随意调价，去年半个月内连续 4 次调价，每吨上涨 200 余元。水泥价格高造成预拌混凝土成本居高不下，水泥企业的随意调价，给预拌混凝土企业带来极大困扰。

（2）交通运输。乌鲁木齐目前大约有 1 500 余辆

混凝土搅拌车、泵车,交通部门一共只发放500个市内通行证,其他车辆均无法在市区内行驶。随着乌鲁木齐城市化建设的快速发展,近三年来车辆通行问题越来越影响着预拌混凝土企业的生产经营。今年又逢田字形路段改造,市区交通堵塞严重,预拌混凝土企业设备利用率无法得到充分保证。此外,交通部门对于超载现象管理非常严格,混凝土搅拌车属于特种车辆,除混凝土外无法拉载其他货物,但交通部门将混凝土搅拌车等同于一般货运车辆管理,按此规定,十方搅拌车装载四方半混凝土就会超载。由于在日常生产中,经常需要与交通部门协调超载问题,在一定程度上也影响了预拌混凝土的正常生产。

(3)预拌混凝土行业准入标准低,造成恶性竞争和恶意拖欠。

预拌混凝土专业资质最高为二级,进入门槛低,近年来乌市地区混凝土搅拌站从原先几家迅速发展到50余家,其总体生产能力远远超过市场需求,加上没有规范的统一管理,使混凝土市场越来越复杂。个别企业在生产经营中任意杀价、无序竞争、偷工减料、质量下降,随之而来的拖欠混凝土款问题日益严重,这些做法都严重损害了市场秩序,也损害了混凝土企业自身的利益,严重影响了新疆混凝土行业的健康发展。

(4)质量标准有待完善。

全疆具有二级资质的混凝土企业只有2家,按规定二级以下资质企业不可生产C60以上混凝土,但几乎所有三级资质企业仍在生产C60以上混凝土,职能部门的监管力度不够。此外,质量标准中只注重混凝土的强度,而忽略了混凝土的耐久性,使各混凝土企业普遍追求混凝土的早期强度,而无法保证混凝土的耐久性,存在质量隐患,需要政府部门进一步完善质量标准。

二、预拌混凝土行业的发展趋势

笔者在此重点分析中国预拌混凝土行业的发展趋势。我国预拌混凝土行业现在正处在一个快速发展的轨道上,这一方面得益于政府政策导向的强大作用,一方面也归结于我国正处在一个经济腾飞、建筑业蓬勃发展的良好形势下。随着预拌混凝土行业不断地发展和完善,行业整体发展趋势将呈现商品化、集团化、技术型、重品牌等特点。产能集中度将大幅提高,从分散化向集团化发展,从重数量向重品牌发展,注重质量效益。国家将提高准入门槛,强化资质管理,质量和环保要求都将提高。市场逐步规范,竞争秩序变好,利润低、应收账款高的问题将逐步得到改善。预拌混凝土企业将寻求上下游产业链延伸,除控制上游砂石骨料资源外,随着住宅产业化的发展,预制构将成为混凝土企业的下游发展方向。

(一)预拌混凝土企业逐渐迈进现代化

预拌混凝土企业内在的技术变革将使行业走向成熟,新技术、新方法、新的管理模式会在行业内普遍运用,具体表现为:

(1)国家相关产业政策推动,预拌混凝土受到国家政策鼓励,城市禁止现场搅拌推动了混凝土和预拌砂浆的发展,替代黏土砖的混凝土砌块等制品也受到国家墙改政策的鼓励,特别是那些同时还可满足绿色建筑节能要求的墙体材料,具有很好的发展前景。

(2)特种混凝土的开发和绿色低耗技术。随着预拌混凝土市场的扩大,各种特殊要求的混凝土将不断问世。纤维混凝土、自密实混凝土、防水混凝土、轻骨料混凝土、道面混凝土、超轻和超重混凝土、深气油井混凝土、防射线混凝土、耐热混凝土、抗硫酸盐混凝土、水下不分散混凝土以及复合功能的混凝土等等,都将成为预拌混凝土行业的新产品。混凝土行业将进一步利用工业和用户废弃物,来自其他行业多种多样的副产品以及混凝土再生利用品,将成为生产混凝土的组分材料;人造或生物基材料,将成为生产混凝土的常用材料,未来将采用生物模拟加工技术或自然模拟机理加工法生产混凝土;对特殊的结构环境,将采用生物模拟法进行法进行专门的配合比设计,混凝土组分材料将达到最佳的颗粒级配;混凝土行业将采用先进的系统模型,预测用户所需混凝土的性能。

（3）混凝土的运输系统将得到改善，混凝土的浇筑将采用标准的自动化作业法。全混凝土行业将采用有效统一的质量保证体系和质量控制标准。

（4）混凝土行业将充分利用无破损检测方法，传感技术智能型养护技术以及其他先进技术，对混凝土性能进行持续性的监测，并确保混凝土的耐久性。

（5）混凝土行业将成为一个能提供共享和可靠资料体系的行业，资料体系包括：材料、结构、设计，以及性能等资料库，而且，还能用计算机集成知识体系来使用这些资料库，以便向用户介绍混凝土制品的质量。混凝土行业将优化产品库存结构，以便减少混凝土的整个装卸和运输距离；混凝土行业内建立一个有效的标准开发程序，制定以材料科学为依据的标准，以便得到可靠的材料性能的预测。

（二）预拌混凝土产业整合是大势所趋

产业链上下游的互动将日趋活跃。建筑施工企业向上游延伸将形成其配套竞争优势，而上游的水泥制造企业随着水泥产能过剩带来的发展空间受制也会向下游混凝土行业拓展新的发展空间，这种产业链上下游间的互动，不仅会推动行业加快发展，同时也会导致市场竞争格局发生重大变化。产业集约化发展模式将日趋明显。一批大型优势企业将凭借其市场竞争优势，顺应时代潮流，抓住市场商机迅速做强，可以预期若干全国性行业领袖和区域性行业领袖型企业将梯次形成。未来的预拌混凝土企业具有的优越性和国家政策的引导，将加快预拌混凝土的发展速度。将来的混凝土行业面临全面整合，几个规范化、集团化、重品牌的企业将应运而生！

（三）预拌混凝土企业创新将成为产业发展的强大驱动力，信息技术和网络化经营将呈现较强的竞争优势

中、外混凝土搅拌企业最大的不同是企业模式的不同。中国预拌混凝土搅拌企业往往是把原料采购、搅拌、运输都由一个企业来完成，而国外混凝土搅拌企业会把这三项工作分给三个公司做，这样每个公司都会做得更专业。随着预拌混凝土行业向纵深发展，专业化色彩将愈加浓重，基于现代物流技术下的采购和运输将有力地支撑搅拌站战略布局和高效运营。

未来的混凝土搅拌企业原材料网上采购、建筑施工单位混凝土需求网上招标、产品和原料全球化的运送等多种功能，均为混凝土搅拌企业实行集团化管理打下了良好的基础，将真正实现"鼠标+商砼"行业模式。

（四）未来发展空间依然巨大

2008年中国预拌混凝土使用的水泥只占到水泥总量的15%，加上其他预拌混凝土使用的水泥量，总共不超过28%，比例非常低，离欧盟和美国的平均水平相差很大。中国年人均预拌混凝土消费量0.4m³，仅为欧美人均消费量的42%。从以上两方面考虑，未来预拌混凝土在中国的发展空间依然巨大。预测再经过10年左右，也就是2020年，中国国内生产总值将达到6万亿美元的同时，中国的预拌混凝土将达到峰值15亿~17亿m³左右，其中预拌混凝土在13亿~14亿m³左右，人均预拌混凝土消费量平均达到1~1.2m³左右的峰值。截至2008年，中国水泥的散装率仅为46%，而其中大部分是用于预拌混凝土，随着预拌混凝土的普及以及国家基本建设高峰的来临，这一比例将逐步提高到45%~50%左右。因此，中国预拌混凝土行业未来发展空间依然巨大。

参考文献

[1]王骅.国内外混凝土行业现状及发展趋势.中国混凝土网.

[2]王楠.浅析国内外预拌混凝土重点企业现状.中国混凝土与水泥制品网.

[3]武美燕.我国预拌混凝土现状与发展趋势分析.

[4]吴晓泉,闻德荣.我国商品混凝土的现状与未来10年的发展.

[5]韩小华,廉慧珍.当前我国预拌混凝土配合比设计现状与改进方向.

[6]胡元春.对预拌混凝土使用水泥的思考.

[7]湖北散装水泥信息网.预拌混凝土行业未来发展形势较好.

[8]中国建材报网.国内外预拌混凝土产量走势.

对施工企业快速发展阶段
提升项目管理品质的思考

宗小平

(中建八局广州分公司, 广州 510665)

摘　要:对大型施工企业在面对快速发展的经营规模与资源瓶颈的矛盾时如何提升项目管理品质、提升企业发展质量的问题,提出以科学发展观为统领,贯彻落实战略部署和要求,不断创新发展理念,转变经济增长方式,着力提升价值创造能力,提高员工福利待遇,建设价值和幸福企业的发展战略。提出了从创新发展理念,改变发展模式,提升精细化管理,推进项目管理标准化以及着力提高价值创造能力,实现体系联动,以大商务管理创造效益等管理思路,并对项目风险管理管控提出建议。

关键词:规模扩张,项目管理,精细化,标准化,大商务管理,体系联动

1　前言

近几年,大型建筑施工企业的发展势头十分迅猛,在企业在快速发展的过程中,如何实现健康发展、良性发展是目前国内快速发展的一些大型施工企业必须面临的问题,本文在此主要探讨如何在快速发展中提升项目管理品质,以此达到防范运营风险、破解发展难题、提高资源整合和配置能力,提高效益为中心,提升核心竞争力,促进公司可持续性发展。

2　背景

2.1　总公司的五年规划战略目标(2010~2015)

一最——成为最具国际竞争力的建筑地产综合企业集团。两跨——在 2015 年跨入世界 500 强前100 强,跨入全球建筑地产集团前三强(见表1)。

中建股份未来主要规划指标情况表　　表1

年份	2010	2011	2012	2013	2014	2015
收入 (亿元)	2980	3410	3910	4480	5130	5900
净利润 (亿元)	110	133	160	193	231	269

2.2　中建八局五年规划目标(2010~2015)

至 2015 年主要发展目标为:营业收入 855 亿元,净利润(含少数股东损益)26.3 亿元。为确保实现上述目标,八局“十二五”末内控目标为:年新签合同额 2 000 亿元;实现营业收入 1 000 亿元;净利润 30 亿元(见表2)。

可以看出中建总公司、八局的规划速度均按大于 20%的幅度进行发展,实际上,各公司年增长率往往大于 50%。

3　生产经营快速发展中出现的项目管理主要问题

快速发展带来的规模扩张带来的问题在项目管理方面直接体现在以下两个方面:一是资源与发展规模不匹配,集中表现在骨干人员年轻化,体系人员配备数量不足;二是资源配备能力欠缺,主要体现在企业生产经营体系的资源组织能力等无法适应项目的发展规模,使项目工程管理存在瓶颈。

带来的间接影响是技术质量、商务合约、安全生产管理等各个体系管理的力度削弱,最终对项目管理品质造成大幅度的下滑或滑坡。

2011~2015年规划内控目标						表2
类　别	关键绩效指标	2011年	2012年	2013年	2014年	2015年
财　务	营业收入(亿元)	640	730	820	910	1000
	净利润(亿元)	12	16	20	25	30
	经济增加值(亿元)	9.93	12.73	16.16	20.20	23.82
	资产负债率(%)	88.31	87.02	84.63	81.73	78.72
顾客与市场	合同额(亿元)	1300	1450	1650	1800	2000
	国内市场占有率(‰)	6.5	6.8	7	7	7
	战略市场平均占有率(%)	1.0	1.0	1.1	1.1	1.2
	顾客满意度(%)	85	85	85	85	85

项目管理是企业生存的土壤,企业管理绩效最终的效果需通过项目管理的成功实施来体现,项目管理的弱化将会导致企业的生存危机。

4　应对项目管理危机的发展战略

面对快速发展的局面,中建八局在"十二五"规划部署中明确提出了的总体发展战略:转方式、调结构、创新发展模式;重市场、强管控、实施五化策略。

"转方式、调结构、创新发展模式"是落实"创新驱动"的总体要求,核心是解放思想,转变发展理念。以追求价值创造为主旋律,转变以规模促发展的传统发展模式,大力推进EPC项目总承包、融投资带动总承包、工程施工与房地产开发联动、城市综合体建设等新型经营模式,带动企业各项管理工作在经营机制、流程规章、资源配置、发展质量诸方面适应新形势新任务的要求。合理调整产业结构、布局结构、组织结构和人才结构,全面提升企业经营管理的软实力。

"重市场、强管控、实施五化策略"是落实"品质保障"的具体体现,核心是提升价值创造能力、提高市场竞争力。深入学习领会"专业化、区域化、标准化、信息化、国际化"的发展策略,以发展目标为指向,不断提高营销质量和市场竞争力;不断提升企业项目管理、商务运营、科技创新、资产管理、资本运作、风险防控、人力资源管理水平;不断完善与强化集团管控,加强各业务系统的体系建设,确保企业健康安全运营。

对应八局的总体发展战略,笔者提出了"以科学发展观为统领,贯彻落实战略部署和要求,不断创新发展理念,转变经济增长方式,着力提升价值创造能力,提高员工福利待遇,建设价值和幸福广州公司"的区域公司发展战略。项目管理的发展战略在企业的总体发展战略基础上确定的,如何创新发展理念,着力提高价值创造能力,通过加快创新,着力解决经营规模的扩大与资源短缺的矛盾,提高发展质量,是高品质项目管理的根本所在。

5　创新发展理念,改变发展模式,提升精细化管理,推进项目管理标准化

加快创新,创新发展理念,根本是资源优势集中,提升价值创造能力,规范体系管理,激发潜力,提升价值空间。

5.1　发展模式创新

探索完善工程施工与房地产开发联动,融投资带动城市综合体建设与开发等提升综合价值能力的商业模式。通过综合价值高的商业模式,在同等资源的投入下,将大大增强企业的价值创造能力,增强企业的盈利能力。

(1)将公司主要产品定位于高端项目及5亿元以上大体量项目。每年新开工项目个数原则上不超过企业所能承受的人力资源上限,单项平均合同额要达到5亿元以上。

(2)加强路桥、市政、环保、轨道交通等基础设施及工业项目(产业转移、装备制造业、高新科技)的承接。基础设施及工业项目占总份额比例不应小于20%。重点对接各地区地铁公司、城投集团、水务集团、高速公路公司等基础业务投资主体,同时加强内部人员的资格取证,专业人员的培训、引进等工作。基础设施业务的市场定位,以中端产品为起点,逐步过渡到高端产品,确保相对稳的市场份额。

(3)加快BT、EPC项目承接,积极寻找土地置换,联合开发BT项目,着力推进EPC方式承接项目。对于路桥、市政、环保、轨道交通等基础设施及工业项目以及城市综合体的建设与开发也往往可以从这

方面进行突破。

发展模式的变动势必带动企业各项管理工作在经营机制、流程规章、资源配置、发展质量诸方面发生改变，要适应新形势、新任务的要求，合理调整产业结构、布局结构、组织结构和人才结构，全面提升企业经营管理的软实力。

5.2 管理创新

提升精细化管理，将精细化形成标准，按照标准化的管理思路，建立企业统一规范的管理体系。

(1)局和区域公司是项目管理的法律责任主体，着力以技术领先和专业化协作为支撑，提升房建总承包能力，保证"高品质管理"优势。以中建股份《项目管理手册》《安全管理手册》和局有关管理制度的全面整合宣贯为突破口，不断总结完善和推广优秀的项目管理经验，努力减小地区差异、项目差异，全面提升企业生产管理水平，推进项目管理标准化。

一是将总公司《手册》要求进一步细化，编制《中建八局管理手册》，形成统一的标准化制度文件在全局推行；二是通过层层宣贯和培训，提高对《手册》的认知、熟练程度和执行的自觉性；三是围绕《手册》"11233"中心内容，对新开工项目全面执行"三个基本文件"和"三个基本报告"制度，从岗位、制度、流程、技术、目标、现场管理等方面进行具体落实，提高《手册》的执行力；四是通过推行《手册》，增强了业务部门之间的横向联动、项目层面与法人层面之间的纵向联动，使企业对项目过程管理的主线作用能够得到充分发挥。

特别要加强施工现场标准化的推进工作。生产设施统一标准，安全防护设施、料场围挡定型化、工具化；生活设施逐步实施标准化、公寓化；施工现场推行门禁管理系统，促进了"劳务实名制"管理的深化。同时，加快推进信息管理标准化，深化 ERP 系统和工程项目信息系统的应用，统一数据采集的格式和标准，使信息化助推了标准化水平的提升。

(2)将精细化、标准化管理的思路融进各个体系。一是要将标准化精细化，精细化能形成标准。把企业营销、生产、合约、安全、技术质量等各个体系的重点管理过程以及管理目标制定成"精细化实施细则"，将精细化管理变成可操作的标准化管理。二是推进

业务系统管理标准化。要围绕业务流程标准化，在财务、成本、合约、工程、技术、物资等系统深入推进标准化管理，根据股份公司要求，结合企业实际，先行先试，有序推进。三是积极探索企业层面的标准化管理。在组织机构、决策机制、管控机制、权限设置、薪酬体系等方面建立内部标准化网络，用标准化来促进管理行为的科学化。

5.3 科技创新，不断提高企业技术创新水平

通过原始创新、集成创新和引进消化吸收再创新的模式，围绕企业产业结构调整，重点在超高层施工、城市轨道交通、大跨度桥梁、高速铁路、大体量综合体施工项目等方面进行研究和总结，立足为项目实施解决技术难题，为企业发展提供强有力支撑。

6 着力提高价值创造能力，实现体系联动，以大商务管理创造效益

切实抓好"大商务"管理，建立覆盖五大系统的"大商务"管理长效联动机制，推进营销报价、合同签约、施工生产、竣工验收、工程结算、收款关账"六大环节"有机衔接和高效运行，从而实现项目管理的平稳运行，创造良好效益。

6.1 强调总部部门职责，强化商务管理联动

市场部负责营销质量、落实"七不接"和招投标文件评审、营销商务策划与交底的管理；合同预算部负责合同谈判策划、合同风险点的交底与化解策划、牵头项目商务策划、总分包结算管理；报价成本部负责标价分离、项目风险抵押承包、成本核算和考核兑现；工程管理部负责工期履约、资源配置、物资、劳务管理；采购中心负责劳务、物资、设备集中采购管理；技术质量部负责质量履约、设计与方案"双优化"、竣工验收、竣工资料管理；财务部负责经营性净现金流、利润结构优化、财务关账、合理避税、应收款、工程款支付流程、应收应付款项的管理；其他部门结合本部门职能履行相应的管理职责。

6.2 加强营销阶段的商务管理

(1)一要坚决落实项目营销"七不接"原则，即：①月进度付款 75% 以下项目，大节点形象进度付款 80% 以下，结构封顶付款低于 85%，工程竣工后付款

低于90%的项目不接;②以现金支付履约担保的项目不接;③计价方式采用总价包死的项目不接;④单价包死、主材不予调差的项目不接;⑤单项合同额5亿元以下的住宅开发项目不接;⑥单项合同额3亿元以下的总承包项目不接;⑦突破局资金、质量、成本、工期管控要求的项目,须上报局相关部门审核,并报企业分管领导审批后才能承接,其中需要融资的项目按投资流程要求进行项目审批,严禁先投标后申请行为的发生。

(2)进一步严格项目营销立项评审。对于重大(风险)项目特别是局"七不接"项目,严格按局规定进行立项评审,确保项目营销立项评审率达到100%。

(3)建立重大(风险)项目的营销会审机制。对于重大项目和重大风险项目,市场部、报价成本部会同合同预算部、法务清欠部、工程部、技术质量部等部门分别参与招标文件评审、投标报价评审和投标方案的评审,识别项目主要风险,营销人员负责与业主沟通,通过投标文件、往来函件、回标函件等规避风险;

(4)建立标前决策会机制。为了提高投标报价水平,投标前由营销副总组织,报价成本部、合同预算部、采购技术质量部、事业部经理和合约主管参加,对报价成本部测算的项目成本进行分析论证,确定较准确的预测成本,由公司领导根据投标竞争态势确定报价水平。

(5)营销交底、资料移交及时全面。工程中标后7日内,市场部、报价成本部负责对项目经理、商务经理、项目总工进行书面的营销交底和资料移交,营销交底包括公共关系、商务报价(报价组成、成本测算、不平衡报价、商务伏笔以及其他特别说明)、合同条件(所涉及的重大条款)、技术方案(施工组织、临时设施以及特别注意事项)等;移交资料包括招标文件、答疑文件、图纸、投标书、电子文件、中标通知书、附属协议等。

6.3 加强项目准备阶段的商务管理

(1)加强总包合同谈判策划,优化合同条件。中标后7天内,总经济师编制完成策划书并组织合同谈判策划研讨会,营销副总、生产经理、总工程师及相关部门参加,努力更改不利合同条件,优化合同条款(特别是对付款和结算条款的约定要努力达到:有

预付款的合同占比不低于20%;合同按月付款比例不低于80%,其中80%以上的合同按月付款比例应大于85%;力争按节点进行阶段结算,竣工后28天内递交竣工结算报告,6个月内确认完毕),营销人员要协助合约部门进行合同条件优化的再谈判工作。

(2)加强标价分离,落实风险抵押承包责任制。报价成本部负责在中标后一个月内与项目部签订承包责任合同,原则上项目上缴率一律不低于7%,若拟派的项目经理部不同意签,项目经理另行公开竞聘。修订风险抵押金补充规定,新开项目风险抵押承包覆盖面100%。

(3)强化商务策划工作。新开工项目的商务策划率要达到100%,要从合同亏损点、创效点、风险点"三点"入手,制订开源节流、降本增效措施,努力拓展项目盈利空间。要提高商务策划层次,重大项目的策划由公司主要领导组织,一般项目的策划由总经济师组织,公司五大体系、事业部、项目部共同参与,要将指标分解到项目每个成员,量化指标与个人工资、兑现奖金挂钩,同时商务策划要动态调整。

6.4 加强项目实施阶段的商务管理

(1)加强工期管理,提高项目履约率。具体见公司《工期管理强制条例》,工期履约率不低90%(按业主合同计算)。合同节点工期一律不得滞后,工期已经滞后的项目须积极与业主协商,办理签证或签订补充协议,工期延误未得到业主认可或未签订补充协议的一律按原合同工期进行考核。

(2)减少质量通病,降低维修成本。提高一次验收合格率,杜绝重大质量事故,预防质量通病,降低返修成本。在分包合同中细化质量标准和违约条款,采取实测实量,将质量情况与分包付款挂钩,具体详见《工程质量管理办法》,该办法作为合同附件。

(3)提高集中采购执行力度,降低采购成本。

①采购中心负责引进队伍、临设、临时水电、CI、零星材料、机械设备、大宗材料确定年度供应商,一次性签订合同,缩短合同谈判时间,提高项目启动速度;土建、安装、钢结构I幕墙等确定战略合作伙伴,加大引进力度,并每年更新补充。

②采购中心负责完善招议标管理办法,严格招

议标程序,开标、议标、定标等环节一律遵循公开、公平、公正原则,中标单位一律由公司"管理例会"集体决策确定。

③深入挖潜,努力降低采购成本。采购成本降低目标:在投标成本测算的基础上降低3%。

(4)物资管理集约化。

①坚持采购数量的源头控制,实施限量采购。所有项目必须在收到施工蓝图后30天内(群体、特大型工程60天内)提供总材料计划,发生设计变更后7天内提供材料增减变化明细,每次采购计划必须体现材料计划总量、设计变更增减量、调整后总量、已经采购量、本次申请采购量和剩余待采购量。

②严格限额领用、使用实体材料。对分包队伍的材料设备供应严格按合同的品种、规格、数量供应,严禁超出合同范围供应材料。

③加强技术方案的经济价值评比。积极推广新的模板支撑体系,以钢模板、铝合金模板代替木模板,以金属型材代替木方等。

④加强施工计划的科学性。科学统筹,合理划分施工段,减少采购或租赁费用,提高周转材料的使用次数,同时加强批量采购与现场施工的结合,减少资金的不合理占用,减少现场物资的积压。适度建设现场生产生活设施,防止盲目求大,推进现场生产生活设施的标准化建设。

⑤以信息化为手段提高物资管控成效。每个项目设立100 t数字化地磅,不具备条件的可设置5t数字化电子秤,由公司直接管理每台地磅或电子秤,用数字信息软件直接传输,集成汇总分析。

⑥公司管理废旧物资的处置。防止资产的贬值处理,防止废旧物资处置的违纪违规,公司每季度公示各项目的废旧物资处置回收情况及相关明细指标。每个项目的现场钢材损耗率严格控制在2%以下。

⑦加强各系统联动。项目总工对周转性非实体材料的总量及明细负责,生产经理对分期分批进场计划负责,商务经理对实体耗材的总控量指标及明细负责、对分包的超耗分析处置负责,材料人员对采购量与材料需用量、调拨量与分包材料需用量的一致性负责,项目会计对材料记账数量、单价和总价的

准确性负责。

⑧加强监管体系建设。严格实施物资采购与管理两权分离,逐步建立反询价机制。

(5)进一步促进技术对商务的重要支撑作用,强化技术人员的商务意识,提高技术创效能力。

①进行图纸会审策划。会审前项目部相关人员要认真熟悉图纸,根据商务策划的"三点"分析结果,进行变更策划;会审中要积极引导设计向促进工期、质量、安全、效益的方面转变;会审后要争取对图纸会审记录的整理机会。图纸会审时沟通易于达成一致,进行设计变更可以达到事半功倍的效果。

②进行技术策划。创造机遇,积极运作,努力将图纸澄清和深化设计转化为设计变更,将先技术出图、再商务结算的传统模式,转变为先商务策划、再技术出图的工作方式。

③全面推行设计与方案的"双优化"工作。积极开展四新技术的研究与应用,全面实施设计和方案优化,对投标技术方案的实施性调整优化率要达到100%。将投标不平衡报价或亏损项目进行优化、变更,努力争取盈利,双优化盈利目标为营业收入的1%。

(6)加强项目资料管理

①整治资料员队伍,原则上一律选用正规大专院校毕业的学生当资料员。

②公司合同预算部、技术质量部协助项目部建立资料分类目录和台账,分技术类、商务两大类,均由专人负责。

③项目经理负责组织项目资料月度检查会,项目总工负责资料的日常检查与管理、保管,项目合约经理对项目结算资料的完整性、及时性负责。

(7)加强计量管理,推行"月清月结"制度

项目部负责按合同规定或超合同规定报量,原则上超合同10%~20%以上,以便提前回收工程款,降低回收风险。总包报量和收款月清月结;总包签证、变更严格按合同规定,合同无具体规定的一律做到季清季结;分包报量、签证、变更月结月清;物资采购与消耗月清月结。

(8)加强项目成本管理

①项目部在商务策划的基础上将开源节流的

指标量化分解到个人,项目经理与项目每个成员签订岗位责任状。

②项目部严格按季度进行成本核算,由事业部组织召开成本分析研讨会,采用头脑风暴法,群策群力,研究制订行之有效的降本增效措施,明确具体的工作目标和时间要求,责任落实到人。

③严格按主体封顶、完工、竣工结算三大节点(地下室体量特别大的项目经公司批准的可以增地下室封顶节点,施工周期特别长的超高层项目也可以适当增设节点,原则上保证每个项目每年核算一次)进行成本核算与考核兑现。提高核算工作效率,公司相关职能部门应按公司《成本管理办法》规定的时间完成核算工作,按约及时足额发放兑现奖金和返还风险抵押金。

(9)加强资金管理

①投标时,以拟派项目经理部为主体具体编制项目全周期的现金流量表,中标后及过程施工时不断更新完善项目现金流量表,精细到月度。

②开工后项目部依据项目全周期现金流量表,编制月度资金计划表,资金计划编制原则遵循:"以收定支、收支促收、合理有效"的资金管理原则。项目部每月资金支付以公司审核过的资金计划表严格对外支付,严禁计划外支付。项目部每月28日前编制次月资金计划,公司次月5日前审核完成当月资金计划。

③对外支付时,必备手续:A、工程报量审核完毕及材料结算完毕;B、符合合同约定付款比例;C、发票足额提供;D、当月资金计划已经审核;E、工期履约分析表;F、公司、项目相关内控签字手续齐全。不符合支付条件的,财务人员有权拒绝支付。

④推进现金流量管理,力争每个月经营性现金净流量达到营业收入的3%以上。

(10)加强预算管理

①项目部每月上报业主确认的工程量、收回工程款、对外付款、预计利润、项目成本是否处于受控状态等信息。

②项目部应严格按进度控制现场管理费用开支,公司财务部应每月将现场费用开支情况通知各相关管理部门和项目部,超过核定费用标准的不予开支。

(11)加强资产管理

①加强项目废旧物资管理,所有废旧物资的变卖全部入账,严禁私设小金库或私分项目资产,发现一次查处一次。

②强化项目资产管理,综合管理部负责台账登记,并定期盘点,财务部协助并定期复核。项目资产确定到责任人,办好交接手续,谁负责谁承担责任。

③严格备用金管理,严格按照公司备用金管理制度执行,不允许超标、超范围借用备用金,定期清理,及时归还,逾期未归还的备用金,直接从报销款或工资中扣除,直到归还为止,若扣款后仍不能归还,则以当时同意借款的签字人代为偿还,谁签字、谁负责。

④加强项目各类保证金管理,财务部负责编制台账,原则上谁经办、谁负责,财务部负责提醒和督促责任人及时回收。

(12)加强收款管理

①项目成本员牵头负责项目工程款的收款工作,包括但不限于督促相关部门的报量进展情况,掌握监理方、业主方的相关签字人,工程款审批流程及所需时间,工程支付条件及业主方财务人员的关系维系等。

②项目成本员负责建立项目收款台账,包括但不限于项目上报工程量、业主确认工程量、支付款比例、各项目扣款、实际回收款等。

③公司财务部定期公布各项目收款进展情况,逾期及时预警,业主恶意拖欠款(超过500万元或合同额5%)的上公司班子会议研究应对策略。

④遏制应收款项持续走高的现象,确保有合同收款权的应收款收回率100%,力争应收款项低于营业增幅的12%。

(13)优化利润结构

定期分析项目利润结构,按照局要求遵循"532"稳健发展原则:即利润来源中,已竣工已结算项目占50%、已竣工未结算项目占30%、在建项目占20%,因此,财务部要根据ERP运行特点,提前做好利润策划,不断推进企业利润结构更趋合理、运营更趋稳健。

6.5 加强竣工结算阶段的商务管理

(1)进一步加强竣工、结算、关账工作

①加强领导,明确分工。竣工、结算和关账工作

的负责人是公司总经理,第一责任人分别是总工、总经和总会,直接责任人是项目经理,三总师系统年初要联合对"完工未结算项目"进行排查,全面梳理完工未验收、竣工未结算、财务未关账情况,以此制定计划、措施和签订责任状,确保竣工验收按合同时点(合同无约定的,为完工后1个月内)通过,竣工资料按合同时点(合同无约定的,为完工后1个月内)报送,总分包结算报告按合同时点递交和确认定案,总分包结算定案后1个月债权债务核对完毕,债权债务核对完毕后1个月内财务关账。

②力争实现"两个目标"。将结算策划贯彻于项目始终,努力在过程中化解项目重大经济风险,防止竣工结算久拖不结。重大结算项目公司主要领导组织,一般项目总经济师负责组织,合同预算部、事业部、项目部共同参与结算策划,确定细化的结算目标,结算策划效益要达到3%。采取大项目部制,各地区成立相应的结算团队,提高结算工作效益和效率。力争实现竣工已结算项目平均利润率不低于12%。

(2)强化法务清欠工作。

①增设法务清欠部,引进3名法律专业人员派驻广、深、佛三个事业部,总部充实1名财务人员、1名合约人员到法务清欠部,制定法务清欠部的规章制度,对每个成员确定量化工作指标,作为年终考核的依据。

②财务系统将所有项目收款情况提供给法务清欠部,法务清欠部将已结算但工程款未完全回收的项目、因特殊原因结算无法进展的项目、可能要诉讼的项目全部列出,了解实际情况,研究应对方案,报公司主要领导决策。

③签订清欠责任状、诉讼责任状;加大诉讼清欠力度,法务清欠人员建立周例会制,每周总结工作开展情况。

④强化项目法律顾问管理,每位法律人员兼3个项目的法律顾问工作,参与重大项目的法务、合约、印章、资料、重要函件等管理,为项目提供风险预警和解决方案建议。

(3)加强项目关闭管理。高度重视收尾项目及竣工项目的后续管理,认真把握竣工收尾、验收备案、决算收款、维修服务、资产盘点、物资调配、成本核

定、账务关闭、两制兑现、违规处理、管理总结等多个环节,使收尾项目及竣工项目始终处于受控状态。

(4)加强内部审计工作的针对性与时效性。公司审计部要把审计工作与"大商务"管理考核衔接,重点关注经营业绩考核、营销质量、三集中、两消灭、项目风险抵押承包、结算、项目效益、"五压缩一提高"、利润构成、净现金流等指标的相关方监督、评审工作。

6.6 建立对外投资项目风险与收益前、中、后期一体化的责权利管控机制

(1)投资项目选定坚持区域化要求。投资业务展开区域的选定要求是本着区域经济较为发达、我局在当地政府资源较好、已有项目实施效果良好等原则确定。

(2)确立项目论证阶段的商务专项论证制度,压缩投资规模,选取优质投资项目。在项目跟踪、项目建议书阶段和可行性研究报告阶段,对投资项目进行商务论证,并报局投资部门审批,论证内容包括融资可行性及融资成本、投资模式分析、投资收益测算,商务论证结论作为项目决策的重要依据。

(3)投标阶段确立投标报价专项评审制度。项目投标阶段,商务报价确定前,将以会签或会议的形式由公司或局投资部进行专门分析,作为报价的重要依据。

(4)项目实施阶段责任划分、考核指标确定。要本着有利于实现商务条件、确保投资收益实现的原则,对投资收益与施工利润分层考核。投资管理公司与施工总承包层面要通力配合、互相支撑,确保整体效益最大化。

(5)加大投资款及投资收益的回收力度,确保按合同约定及时回款。

6.7 加强人才队伍建设及奖罚激励

(1)加大人才培养和引进力度,公司领导、事业部经理每人带3个徒弟,引进3个人才。

(2)人力资源部按公司"十二五"规划的要求制订人力资源年度需求计划,制订招聘计划并付诸实施。

(3)对于项目部到合同时点(或管理制度规定)不能完成以下工作的,项目部人员岗薪发放实行降档报批制度:工程完工,竣工验收和竣工资料归档备案,总分包结算,有合同收款权的工程款回收,应收、

应付账款确认等。

6.8 建立公司领导、副三总师、事业部班子成员分片包干机制

将重点项目、重大风险项目、项目班子薄弱的项目、创效潜力大的项目包干,公司领导、副三总师、事业部班子成员负责在本职工作以外协助项目部的全生命周期管理,具体包括并不限于在合同谈判、商务策划、开源节流、结算公关、工程款回收等方面协助项目管理,努力提高项目盈利能力。

6.9 各系统要加强联动,形成合力

要加强系统之间的沟通与协作,促进各项工作承前启后、运作顺畅。一是信息传递渠道畅通,保障工作的及时性和延续性,如工程完工7天内技术部门要在ERP中调整项目状态,工程竣工验收通过后7天内技术部门要将验收报告复印件递交预结算部门,总分包结算结算完成后7天内要将结算定案报告原件递交财务部门,财务部门接到结算定案报告后要在7天内做账。二是信息反馈渠道畅通,保障问题及时处理,如不能及时完成竣工验收、总分包结算、收款、关账等属于非本系统原因,要及时反馈到有关职能部门进行积极解决。

7 突出项目风险管控,确保企业安全运营

加强风险管控,是企业实现安全运营、提高发展质量的根本保证。加强风险管控,一方面,是要针对外部形势和环境,加强经营风险防范;另一方面,是要根据企业内部的发展状况,加强运营风险管控,保证企业健康、科学发展。由于今年国际国内经济形势相当严峻,不稳定、不确定因素多,加之企业目前处于高位运营状态,而且有些管理指标、特别是"五高二低"问题突出,加强风险管控、提高发展质量就显得尤为重要。当前,加强风险管控,提高发展质量,实现健康、可持续增长,要侧重抓好以下几项工作:

(1)加强源头风险防范

要充分认识国际国内复杂多变的经济形势,充分认识到国家宏观经济调控的严厉性、持续性,充分感受市场经济"优胜劣汰、适者生存、胜者为王"的自然法则,危机并不可怕,可怕的是没有危机意识,要在挑战中把握机遇,认真落实"稳中求进"的经济政策和国资委在中央企业负责人会议上重点强调的 "三突出"(突出转型升级、突出降本增效、突出风险管控),"居安思危",强身健体,提升品质,从源头把握好工程项目承接、产品结构调整、开发经营投资、海外市场开拓等环节可能出现的风险。

(2)加强应收款项风险管理

随着今年经营规模的增长,应收款项的比例和总额会不断增加,"五高二低"数据指标关联度很高,存在必然的勾稽关系,其中,降低应收款项是重中之重,是解决其他指标的重要基础,是提高管理指标先进性的"牛鼻子"。我们要高度重视应收款项高带来的"风险"。

企业领导必须牢固树立"要实际利润,不要纸上富贵"的理念,解决"重规模、轻效益;重利润报表数据,轻实际现金流"的问题,采取切实有效的措施,对压缩应收款项实行综合治理,把握重点环节,明确工作目标,落实责任要求,打好应收款项的攻坚克难仗,建立应收款项长效管理机制。

8 结束语

项目管理是施工企业永恒的话题,如何提升发展质量、提高经济效益为中心;以加强过程管控、保障安全运营为重点,坚持品质保障,追求价值创造是目前这个阶段我们一直在思索的课题。

这几年,我们一直倡导标准化、制度化,现在的制度规范都比较明确了,各项制度在不断地完善。现在的主要任务是抓好已经形成的规范制度的落实,在落实上狠下功夫,在精细化管理上狠下功夫,更要强调的是,在体系联动上下功夫。我们要继续努力,不断增强精细管理标准化这样一种意识,把各个方面的工作做得更好。从总体上来说,是战略决定成败,但是在具体执行过程当中,往往是细节决定成败。⑬

参考文献

[1]中建股份2010-2020年发展规划.中建总公司,2010年.

[2]中国建筑第八工程局有限公司"十二五"发展规划.中建八局,2010年.

项目管理

从"状元府第"项目看到的管理问题

杨顺林

（中国建筑第七工程局有限公司，郑州 450004）

摘　要：项目管理一直是中国建筑企业探讨的重要课题，本文从分析项目及项目管理的特征入手，结合某建筑企业的项目管理实际案例，探讨了目前我国建筑工程项目管理中存在的误区及问题，并针对这些问题从团队建设、制度设计、文化引领、激励机制、管理手段等几个方面提出了自己的对策建议。

关键词：项目管理，激励机制，制度设计，文化引领

一、关于项目

建筑企业项目管理，不仅体现了项目本身的管理水平，而且体现了建筑企业的管理水平，成为建筑企业对外展示自身管控能力的窗口。"状元府第"项目是某建筑公司在西南地区签约实施的第一个建设项目，因为管控不到位而严重违约，不得不中途退场，致使项目巨额亏损，给企业带来了大量的诉讼官司及不良社会影响。"状元府第"项目的失败再一次证实了项目管理在建筑企业中的核心地位，项目管理的成败甚至成为建筑企业是否可以持续经营的重要因素。建筑企业制度的设计和管控的实施，必须从项目着手，方可奠定企业长远发展的基石。

1.项目及建设项目的定义

项目是在一定的约束条件下，为完成某一独特的产品或服务所进行的一次性努力。建设项目是需要一定量的投资，按照一定的程序，在一定时间内完成应符合质量要求并以形成固定资产为明确目标的一次性任务。

2.项目及建设项目的特征

（1）一次性。就任务本身和最终结果而言，没有与这项任务相同的一项任务，当项目目标实现或不能实现而被终止时，就意味着项目的结束。

（2）目标的确定性。项目目标一般有成果性目标和约束性目标组成，成果性目标即项目的最终目标，约束性目标即限制条件，建设项目的约束条件有：时间约束（建设工期）、资源约束（投资总量）、质量约束（使用效益）。

（3）项目的整体性。即项目是一系列活动的有机组合，强调过程性和系统性。

（4）生命周期性。项目的一次性决定了项目有一个确定的起始实施和终结的过程。

（5）多样性。每一建设项目需要一套单独的设计图纸。

（6）固定性。产品固定不变，生产者和使用者流动。

（7）庞体性。和一般产品相比，体积巨大。

（8）价值巨大。投资相当大，可以以亿元计。

（9）用途局限，一个产品只有一种用途。

(10)私密性,受当地社会、政治、文化风俗及历史沉淀等因素的影响。

三、关于项目管理

1.项目管理

项目管理是指特定的管理主体,在一定的约束条件下,运用系统工程理论和方法,对项目进行的计划、组织、协调、控制和评价的行为过程。

2.项目管理的特点

(1)注重于综合性管理,项目管理一般有多个阶段组成,其过程包含多个组织、多个学科、多个行业,是一项复杂的工作。

(2)具备创造性,项目的一次性,决定了项目管理既要承担风险,又要创造性地进行管理。

(3)基于团队管理的个人负责制。项目管理中起着非常重要作用的是项目经理,必须使他的组织成员工作配合默契,具有积极性和责任感的高效群体。

3.项目管理的渊源

20世纪80年代,日本大成公司在中国鲁布革水电站运用项目法施工取得了巨大成功,国内建筑企业纷纷研究并相继采用,已经成为今天国内绝大多数建筑企业采取的项目经营模式。受鲁布革经验的影响,项目管理的内涵已经不再局限于技术和手段,而上升到管理哲学,形成一门学科。

四、项目管理中容易形成的误区及出现的问题

建筑业经过二十余年的发展,国内建筑企业的项目管理积累了很多成功的经验,但是失败的教训同样深刻,"状元府第"项目揭露出来的管理问题也是大多数建筑企业应该借鉴和改进的,体现在如下几个方面:

1.过分关注项目经理个体素质的高低,忽视项目管理团队的整体建设及功能发挥

无论是项目业主还是建筑企业本身,在组建项目管理团队时往往对项目经理(即项目第一责任人)的从业经历、业绩和执业资格高度关注,忽略了项目

管理团队其他成员的素质,过分强调了领导在组织中的作用;项目经理成为业绩考核和奖惩兑现的重心,项目管理团队成员基本处于协从及被领导的地位,整个团队的积极性、主动性没有被激发出来,致使项目管理问题频发。项目经理疲于应付突发事件,不能用更多的精力做自己应该做的事情。

2.只关注项目本身目标,忽视企业整体战略意图的实现

企业对项目的考核管理有明确的目标,项目经理或项目管理团队基于自身的局限性和团队利益会做出和企业整体决策方向不一致、甚至是背道而驰的行动方案。如"状元府第"项目,原本是企业在西南地区的第一个项目,企业意图通过此项目在该地区的实施,提升企业市场影响力,提高企业在该市场的占有份额,可是项目管理团队没有认识到该项目的重要意义。施工过程中只关注项目组织的成果,而忽视了和供应方、分包方、地方政府等相关方关系的处理及利益的均衡分配,最终导致企业在该区域失去进一步拓展市场的机会,企业在该区域战略布局以失败告终。

3.只关注经济效益,忽视社会效益

一个项目成败与否,首先是项目盈利水平的高低,这个目标也和项目管理团队的个体性利益紧密关联。因此,项目实施过程中,项目管理团队为了降低成本而压缩安全、质量、文明施工的投入,导致安全质量事故频发,现场施工环境"脏、乱、差",企业的社会形象严重受损。

4.过分依赖奖惩措施,忽视增强项目员工的认同感和归宿感

项目部在制定规章制度时,动辄就实行经济奖罚,激励手段过于单一。在企业规模不断扩大的同时,企业项目管理团队日益年轻化,刚入职的员工比例不断增大,项目部不重视对员工进行企业文化的熏陶,增强其对企业及团队的认同感和归属感,不注意满足员工的深层次需求,造成人才流失,管理团队频繁调整。"状元府第"项目团队从成立之初,仅项目经理就调整三次,其他岗位管理人员也频繁更换,最

终导致项目失败。

5.只关注管理效果的好与坏,忽视过程管理的重要性

项目管理成果的好与坏,无外是利润的高低、质量的好坏及社会影响力的大小。项目管理过程中,主要管理者往往仅以效果来衡量员工的绩效,不注意对过程进行管控,往往造成"木已成舟"无法挽回的局面。建设项目管理是一项复杂的工程,工序多,交叉多,任何一个环节出现问题都有可能造成无法弥补的缺陷,只有亦步亦趋、扎扎实实地做好每一项工作,才能保证结果的正确。

6.企业制度设计常常流于为控制而控制,出现舍本求末的现象,项目"因管而死"

企业的很多制度是在"血的教训"之后的经验总结。"状元府第"项目是公司实行资金集中管理后实施的项目,项目部每使用一笔资金都要履行一套繁杂的流程。事实上,项目生产如同前线的战场,资金如子弹,繁杂的制度,效率低下的流程,严重影响项目生产的正常进行,败仗在所难免。而公司中如资金集中管理一样繁杂的流程多如牛毛,在这种状况下,项目运行难免受阻。对项目管控制度设计不科学的另一个方面体现在管理漏洞上,"状元府第"项目层面拥有过多的签约权,而失去公司层面的制约,因合同漏洞导致公司巨额潜在亏损,企业一旦违约,将面临严重的违约处罚。

7.项目法人化

这是企业给项目的错误定位。由于项目法人化,使项目拥有过多的授权——采购权、签约权、用工权等等,缺乏科学严谨地监督和控制,漏洞百出,效益严重流失。"状元府第"项目成为一个鲜活的例证,仅项目钢材一项700万的采购金额,违约金额达200万之多。

五、项目管理中存在问题的对策建议

1.注重项目管理团队整体功能的发挥

(1)组建项目管理班子时,根据角色定位,要注重考查发挥不同人员的优势,取长补短。由于项目的庞体性,组织的复杂性,要求处于不同管理角色的人员具有不同的素质,如总工要着重于"技",善于处理不同的技术问题;生产经理要着重于"道",善于沟通,善于协调关系,善于组织调配资源;而项目经理要有较高的综合素质,善于调动管理团队中各个成员的积极性,具备一位管理者具备的素质和能力。

(2)要注重对项目管理团队的引导和教育。特别是边远项目,远离企业本部,要通过不同的手段、方式增强对项目团队的教育。项目虽然只是企业经营对象的一部分,但是管理的复杂程度及对项目经理和团队的素质要求,相当于一个中小型企业的水平。在项目实施过程中,要注意引导项目管理团队发挥整体功能,形成科学决策机制,避免项目经理"一言堂",避免出现"群体盲思"现象。要引导团队不仅实现项目管理目标,还要实现企业的战略目标。

(3)保持项目管理团队的稳定性。由于项目管理团队为一次性临时组织,项目结束时项目管理团队随之解散,项目管理成员没有归宿感。因此,一方面在项目结束时给项目成员以妥善的安排,通过强化其归宿感以增强其责任感;另一方面,同一项目尽量使用同一团队进行管理,减少成员之间的磨合时间,利于新建项目的管理。

2.制度设计

(1)项目定位要清晰。项目应该授予什么样的权利,该如何定位,一直是建筑企业讨论的主题。近年来,项目应该以成本为中心(即生产车间),成为大多数企业的共识,实践证明也是可行的。在这种定位模式下,企业要对项目需求的所有资源进行配置,而不是项目自行采购;项目也没有签约权,但是项目要在企业定额要求的消耗水平内完成施工生产,超罚奖。项目定位清晰后,企业在设计制定制度时才会有的放矢,实施有效管控。

(2)制度制定的标准——"简洁、适用、可操作"。"状元府第"项目问题发生以后,企业制定了很多管理制度,也细化了很多流程,规避了很多风险。但是基层单位特别是项目部因为流程繁琐、办事效率低下,积极性大受挫伤,企业市场份额锐减,最终陷入难以为继的境地。因此企业在制定制度时,不宜走两个极端,要科学设计、简洁、实用,实施中又易于执行,才可以在管控风险的同时,又不会损伤基层的积极性。

3.文化引领

从项目管理的长期实践和发展阶段来看,现代项目管理从单纯的计划和控制技术发展为一系列的工作价值观与传统管理有显著区别的管理哲学。项目管理根植于企业文化的土壤中,企业文化为企业项目管理提供软环境,是企业项目管理的重要支柱。有什么样的企业文化,就会有什么样的项目文化。企业如果倡导阳光下的收入,项目管理管理团队就会专注于项目管理,通过辛勤的劳动获取个体最大化的合法收益;企业如果奖惩不明,项目管理团队就会通过不法手段获取个体的不当利益,就会给企业带来损失。因此,企业文化给项目带来的引领作用虽然是无形的,但却是根本的,需要企业在实践中高度关注。

4.激励落实

对项目管理成果的考核必然和企业的激励制度结合起来,企业有什么样的激励制度就会对项目产生什么样的反作用。“状元府第”项目所在的企业,长期以来一直存在项目管理成果得不到确认,确认后又没有相应的奖惩,奖惩后没有起到应有的激励作用,项目管理人员无视企业制度,违规行事普遍存在。因此,建立一个有效的激励机制,标准合理(过重或过轻都不会起到应有的作用),及时考核兑现,对企业来讲成为管好项目的重要措施。目前,建筑企业积极推行的“价本分离”、“风险抵押承包”等措施是一套行之有效的办法,但是在实际执行过程中必须做好“度”的把握——即抵押时项目管理人员既要承担得起,又要起到激励作用;分离时既要考虑个人获利和管理人员的抵押相匹配,又要兼顾企业应得利益,掌握好“度”成为关键之处。

5.运用现代管理手段,注重过程管控

随着企业规模的不断扩张,项目数量也在大幅增加。企业仅仅依靠阶段性考核来确认项目目标是否可以实现是远远不够的,建筑企业传统的目标管理必须和过程管理紧密结合起来,随时掌握项目的进度、成本管理等情况,才能达到精细管理、科学管控的目的。目前,建筑企业特级资质重新就位所强制推行的企业管理信息化,将管理流程输入电脑,企业所有有关项目的管理制度,物料流、资金流、信息流、人力资源流等通过无形的网络来集成和管控,是非常有效的措施,可以迅速解决企业管理资源不足和企业规模快速增长之间的矛盾,也是建筑企业从粗放管理走向精细化管理的有效手段,应该大力推广。

六、结 语

项目管理一直是我国建筑企业讨论的重要课题,建筑企业的兴衰皆由项目而起。管理好项目,不仅要尊重科学的管理规律,又要因时代的不同及时调整企业的制度、策略,尊重管理的社会性。“状元府第”项目给建筑企业带来的若干警示,应该有着很强的示范作用,建筑企业应该举一反三,亡羊补牢,避免因项目管理不善而将企业拖入难以为继的悲剧再发生。⑥

参考文献

[1]张保岭,高树林.施工项目成本管理与控制.北京:机械工业出版社[M],2009.

[2]项建国.建筑工程项目管理[M].北京:中国建筑工业出版社,2005.

[3]自思俊.现代项目管理(中册)[M].北京:机械工业出版社,2002.

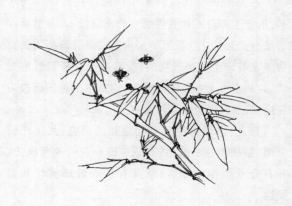

项目盈利途径的探讨与实践

徐 刚

(中国建筑装饰集团有限公司，北京 100037)

以科学发展为主题，是时代的要求，关系改革开放和现代化建设全局。深入贯彻落实科学发展观的重要目标和战略举措就是要毫不动摇地加快经济发展方式转变，不断提高经济发展质量和效益。

企业深入贯彻落实科学发展观的关键在于提高盈利能力，提升发展质量，实现全面协调可持续发展。项目是建筑业企业一切管理活动的出发点和落脚点，是企业效益的来源。因此，深入研究项目盈利途径，对于提高企业盈利水平，实现科学发展具有十分重要的意义。

一、研究背景

中国建筑装饰集团有限公司是中国建筑实施专业化发展策略，整合中建系统内优势装饰业务资源成立的大型装饰企业集团。中建装饰集团 2010 年成立后，规模即跃居行业首位，但盈利能力不足，盈利水平不高严重阻碍了装饰集团快速发展。

一是装饰集团盈利水平尚未达到行业平均水平，依靠生产资源和管理要素的重复投入，显然难以满足企业又好又快发展的要求。二是装饰集团是整合多家装饰企业而成立的，所属企业在项目管理方式、盈利水平上存在较大差距，内部不平衡问题较为突出，难以实现全面协调发展。

因此，加强对项目盈利途径的研究，找出比较全面、系统和科学的，适合于装饰企业的盈利模式，并在企业范围内推广，就具有很强的现实性和必要性。

二、项目盈利途径的认识

项目管理就是自项目开始至项目完成，通过项目策划和项目控制，使项目的费用目标、进度目标和质量目标得以实现。当前装饰项目体量越来越大，项目管理面临的不确定性和复杂性问题愈加突出。因此，在纷繁复杂的项目管理活动中，抓住项目管理的关键问题和主要矛盾尤为重要。抓住项目盈利就是抓住了项目管理的核心。

项目是建筑业企业一切管理活动的出发点和落脚点。企业管理要为项目服好务，就必须要抓住项目盈利这个项目管理的核心，就必须要把能否有助于提高项目盈利水平作为衡量企业各项管理工作的重要标准。只有这样，企业才能从发展的各种矛盾中抓住主要矛盾，才能将优势管理资源聚焦到企业发展的核心问题上。

因此，项目盈利能力建设是系统工程。项目盈利途径不仅仅是项目经理部的事情，更与企业紧密相关。企业主导项目管理方式和资源的配置，项目盈利甚至与企业管理的关系更为密切。企业各专业系统要把工作与项目盈利更加紧密地结合起来，要把增加项目盈利途径、提高项目盈利水平当做重要目标，以此来调整工作的重心，优化资源的配置。

三、项目盈利途径综述

研究项目盈利途径就是要着力解决什么人在什么时间做什么事。项目参与方众多，但作为装饰施工企业，归纳起来应分为三个层面：企业层面、相关方层面和项目部层面。项目管理从获取信息到竣工结算，主要可分为三个阶段：营销阶段、实施阶段和结算阶段。因此，研究项目盈利途径就是要研究企业、相关方和项目部在项目的三个阶段分别开展哪些工作，能有效提高项目盈利水平。

从企业层面来讲，核心是支撑能力，主要包括管理支撑、资源支撑和业务指导等。管理支撑主要是指不断系统总结企业及项目管理实践，制定科学的项目管理制度及业务流程，并通过合理的运行机制充分调动项目部积极性。资源支撑包括人力资源、分供商资源及资金等。企业要搭建统一的分供集中采购平台，要通过培养、激励以及任用机制，不断提高项目管理人员尤其是项目经理的管理水平。业务指导是指企业要对重点项目和关键环节加强管控，履行好评审职责。

从企业层面研究项目的盈利途径，应着眼企业承担的各项管理职责，即可以从企业各专业系统进行梳理。其优点在于：一是可以提高项目盈利途径的全面性和系统性；二是可以引导各专业系统把工作与项目盈利结合起来，更好地抓住工作重点。

从相关方层面来讲，核心是协同能力，关键是要加强分层对接，做好沟通协调，以开放的心态、全局的观念，与各方结成利益共同体，实现多赢。一是更好地了解相关方的需求，更好地指导项目管理工作；二是更好地平衡各相关方的利益，主导项目发展的方向。

从项目部层面来讲，核心是管控能力，关键是要抓好项目盈利目标控制的四大措施：组织措施、管理措施、技术措施和经济措施。

组织是目标控制的前提和保障。采取组织措施就是为保证组织系统的顺利运行，高效地实现组织功能。通过采取组织调整、组织激励和组织沟通等措施，激发组织的活力，调动和发挥组织成员的积极性、创造性，为实施盈利目标控制提供有利的前提和良好的保障。

技术措施是目标控制的必要措施。盈利目标的控制在很大程度上要通过技术来实施。工程项目的实施、目标控制的各个环节都是通过技术方案来落实。目标控制的效果取决于技术措施的质量和技术措施落实的情况。

经济措施是目标控制的有效手段。工程项目的参与者通常是以追求经济利益为经营目标，而经济措施实质上是调节各方经济关系的方案。经济措施在很大的程度上成为各方行动的"指挥棒"。无论对投资实施控制，还是对进度和质量实施控制，都离不开经济措施。

管理措施是目标控制的基础。在市场经济条件下，承包商根据与业主签订的施工合同和与分供商签订的分供合同来进行项目建设，所以必须以合同为基础，依靠合同进行目标控制。管理措施要贯穿整个合同周期，包括从合同谈判开始到合同终结的全过程。

四、项目盈利途径的实践

根据上述盈利途径的探讨，结合装饰集团所属各单位的项目管理实践，系统总结了以往项目盈利的途径。主要体现为企业、相关方及项目部三个层面在营销、实施和结算三个阶段应分别开展的工作。

(一)项目营销阶段

在营销阶段，项目管理的主体是企业，中心任务是制定科学的营销策略，做好相关方沟通，提高项目中标率，同时充分识别项目存在的风险，在投标时采取合理的策略。项目盈利途径主要体现在项目的选择以及投标的策略方面。

1.企业层面

(1)实施精品工程策略，提升品牌美誉度。品牌是企业的软实力，发展的硬支撑。只有不断创精品工程，才能在市场竞争中抢占高端，不陷入低端拼价格的红海，项目盈利才有良好基础。

(2)健全产业链，提升竞争力。当前市场的竞争是产业链的竞争，要不断健全产业链条，发挥协同效应提升企业竞争力，同时提升项目盈利水平。

(3)加强大客户建设。不断提高大客户项目的比重，把企业资源更好地聚焦在有限的大客户上，能有效提高资源利用效率和项目盈利水平。

(4)重视设计能力的提升。要不断提高设计水平，通过设计带动施工项目的承接。通过设计与施工的联动,提升项目盈利水平。

(5)强化区域集中与协同。只有不断强化区域集中,才能做熟做透区域市场,才能更好抢占区域内高端项目。同时,强化区域集中与协同,能更好地优化资源配置,提高资源利用效率,提升项目盈利水平。

(6)加强承接底线管理。强化项目的信息、投标及合同评审,严格控制承接效益低、风险不可控的项目,提升合约质量,从源头上提升项目盈利水平。

(7)加强风险的识别与防控。在投标及合同签订过程中,要充分识别项目风险,采取合适的投标策略及合同谈判策略,为项目实施做好准备。

(8)加强模式的创新。深入研究装饰总承包、BT等模式,通过承接新模式的项目,提升盈利水平。

2.相关方层面

(1)加强与业主的沟通,把握项目的关键环节和重点内容,以更合理地制定方案和调配资源。同时,尽可能地引导业主优化项目建设方案。

(2)加强与设计的沟通,充分了解设计意图,更好地掌握设计优化及材料替换等存在的空间。

(3)加强与分供商的沟通,让分供商充分、准确地掌握项目信息,以便其对项目的标准及要求等有更深入的了解,避免在过程中出现争议。同时,对分供商询价时要保证充分的竞争性,控制项目成本,提升盈利水平。

3.项目部层面

尽早确定项目中标后的项目经理人选。项目经理要参与项目投标过程中,以对项目有更深入细致地了解,对存在的风险及防控措施有更好的把握,提高后期效率的同时,避免信息传递的失真,提高项目盈利水平。

(二)项目实施阶段

在实施阶段,项目管理的主体是项目部,中心任务是以合同履约为基础,以项目策划为抓手,以成本控制为核心,获得项目预期利润,并使相关方满意。项目盈利途径主要体现在目标控制的四大措施方面。

1.企业层面

(1)规范制度和流程。要不断吸收企业管理及行业发展的先进经验,与本企业及项目管理实践相结合,从而不断提高制度和流程的科学性与指导性,提高项目盈利水平。

(2)推行目标承包责任制。准确测算项目成本,与项目部签订目标责任状,并足额收缴风险抵押金。项目结束后要严格按照责任状进行兑现。

(3)搭建集中采购平台。通过不断提高集中采购的层面和比例,发挥规模效应,降低采购价格的同时,实现部分融资。

(4)实行重点管控。集中优势资源加强对重点项目和项目重点环节的管控,包括对项目策划等进行集中指导,提高策划的针对性。

(5)强化人力资源支撑。要加强人才的引进、培训和使用,不断提高人力资源的数量和质量,为项目实施提供强大人才支撑,尤其是要加强项目经理职业化建设。

(6)大力推进党建工作。充分发挥支部和共青团的作用,广泛调动参与各方,尤其是项目管理人员和劳务队伍的积极性,提高生产率。

2.相关方层面

(1)加强与业主的沟通,要遵循分层对接的原则,加强沟通的及时性,提高沟通的效果。

(2)加强与总包的沟通,尽可能充分利用总包的现场资源,同时减少交叉作业。

(3)加强与设计的沟通,为设计变更、材料替换等提供强有力的支持。

(4)加强与分供商的沟通,与其结成利益共同体,充分调动其积极性,为项目实施提供强有力的支撑。

3.项目部层面

(1)优化岗位配置,明晰岗位责权。要根据项目规模及特点合理配置管理岗位,明确各岗位职责,并由项目经理与之签订岗位责任书,传递压力的同时,调动项目管理人员积极性、主动性和创造性。

(2)严格落实企业制度。制度是企业先进经验的总结,是项目良好履约的保证。项目管理人员要认真学习和深刻领会本专业系统的制度,在工作中加以落实。

(3)加强项目策划。策划是做好项目管理的基础,是提升盈利水平的必要条件。要加强策划的编制,包括工期策划、质量策划和商务策划等,提高策划的针对性和指导性,并在过程中进行动态调整。

(4)加强质量履约。做好技术交底,严格按方案和工序施工,力求一次成活,尽量减少返工返修。

(5)加快项目进度。在满足安全、质量要求的前提下,合理安排工序,更有效调配资源,加快项目进展。

(6)强化集成管理。要把工序的安排、资源的计划紧密结合起来,减少窝工、材料多报等资源浪费现象的发生。

(7)严格控制损耗。加强材料的预算、出入库及领用管理,在过程中加强对比分析,减少材料浪费。

(8)设计变更。在满足业主及设计师要求的前提下进行设计的优化,并进行相关的经济分析。

(9)方案优化。在满足技术要求的前提下,优化施工方案,并对方案进行经济性分析,选取技术上可行、经济上合理的方案。

(10)注重签证。项目部所有人员要充分熟悉合同内容,把握签证机会,并注重签证的时效性。

(11)材料替换。在满足使用功能和技术标准的要求下,选用经济上更合理的材料,或选用环保新型材料,与业主进行认质认价。

(12)利用标准。加强对技术标准和定额的学习,把标准和定额与合同条款结合起来,提高使用标准和定额的水平。

(13)加强收款。过程收款是项目管理的重要内容,要通过收款提高资金利用效率,确认施工事实。

(14)加强档案管理。项目在实施过程中,要及时收集整理档案资料,为签证、索赔以及项目结算打下坚实基础。

(三)项目结算阶段

在结算阶段,项目管理的主体是项目部,中心任务是锁定内部结算,加快结算进度提高结算效益。因此,结算对项目盈利水平具有非常重要的作用。

1.企业层面

建立合理的结算激励机制,与项目部签订结算责任状,调动结算人员积极性和创造性。同时,强化成本考核,有效区分管理效益和经营效益,不断提升成本管控水平。

2.相关方层面

(1)加强与业主的沟通,要用良好的履约赢得业主的认可,并通过分层对接上下联动,为结算打好基础。

(2)加强与审计的沟通,要有充分的过程资料体现项目部完成的工作。

3.项目部层面

(1)加强结算的组织。项目部要成立结算小组,明确各自职责,编制结算策划书,提高策划的针对性。

(2)高度重视结算经营。结算是系统工作,与营销、生产紧密相关,要把结算经营放在跟一次经营同等重要的位置。

(3)及时锁定项目成本。项目竣工后及时完成对内结算,锁定项目成本。

(4)合理绘制竣工图。要科学合理编制竣工图,充分反映项目部实际完成的工作。

五、提升项目盈利水平的措施

项目盈利水平事关企业发展全局,必须放在企业管理和项目管理的突出位置抓紧抓实。为更好拓宽项目盈利途径,提升项目盈利水平,要着重加强以下工作。

(1)统一思想认识。企业所有人员必须强化效益观念,项目管理要以成本管控为核心,企业要以效益为中心。尤其是企业各专业系统要以提升项目盈利水平作为重要目标指导和调整各项工作。

(2)强化绩效考核。要践行中建绩效文化,所有项目必须实行目标承包责任制,签订目标责任状。要科学设置各专业系统绩效考核指标,提高企业为项目服务的水平。

(3)加强人才培养。人才是企业最重要的资源,要不断加强培训,健全激励和用人机制,加快人才成长速度,推进项目经理职业化发展。

(4)推进信息化。要充分利用现代化的管理手段和工具,确保信息沟通的及时性,不断提高工作的效率。

(5)加强知识管理。要高度关注国际和国内先进的项目管理知识,不断总结项目管理实践中的经验和教训,创造性地提出新的项目管理模式、方法和工具,不断提升项目盈利水平。®

调结构 强素质
加快项目经理队伍建设

杨　巍

（中国建筑第三工程局有限公司，武汉 430064）

摘　要： 三十多年的改革开放将我国建筑业带入工业化、城镇化加速发展的历史时期，建筑市场兴旺发达，建设速度前所未有，项目经理迎来全面发展的机遇期，队伍规模不断扩大，项目管理能力逐渐提升。但随着经济全球化、大规模国际产业转移对我国社会经济结构的影响不断深入，建筑产业结构逐步调整转型，项目管理模式发生巨大变化，项目经理队伍的结构和整体素质面临越来越多的挑战。此前在单一的产业规模扩张中成长起来的项目经理，虽然专业能力日益成熟，但其综合能力离行业发展的要求仍有较大差距。因此，调整项目经理队伍结构，加快项目经理能力素质培养，建立完整的职业发展体系，成为项目经理队伍建设的当务之急。本文以"中国建筑"下属的中建三局为例，对建筑施工企业项目经理队伍"调结构、强素质"的问题进行思考和探讨。

关键词： 项目经理队伍，项目管理模式，能力素质培养

一、当前建筑施工企业面临的主要形势

"十一五"期间国家投资建设的热潮推动了众多建筑施工企业蓬勃发展，而根据建筑业"十二五"规划，建筑业增加值年均将增长 15% 以上，这意味着"十二五"末建筑业产值或将达到 20 万亿元。因此，在未来较长的时间内，受行业的发展趋势以及国家拉动内需、区域发展等相关政策的推动，中国的建筑业依然会持续走高，各种国家重点项目建设、城市公共交通等基础设施建设、区域性城市综合开发体等项目将陆续出现。以中建总公司为例，30 年来，作为连续 25 年国内规模最大的国有建筑企业和最大的国际工程承包商，"中国建筑"带领所属的各工程局承建房屋建筑近 4 亿平方米，2011 年排名世界著名品牌 500 强第 147 位。其下属的中建三局是全国首批施工总承包一级资质企业，2002 年核准为全国首批工程总承包特级资质，2012 年率先获得住建部颁发的全国唯一具备行业全覆盖资质的新特级资质。多年来致力于承建"高、大、新、特、重"工程，在国内和国际上完成了一大批工期紧、质量高、难度大的大型和特大型工程，被誉为"中国建筑排头兵"，先后在深圳国贸大厦和地王大厦的建设中，创造了两个彪炳建筑业史册的施工速度，21 世纪初又连夺两项"世界第一楼"——上海环球金融中心和中央电视台新址工程。近年来三局建筑营业额持续攀升，2006~2011 年实现合同成交额 4 600 多亿元、营业额 2 300 亿元。但随着建筑业产业结构的调整转型，各种高、大、难、新工程不断增加，各类业主对设计、建造水平和服务品质的要求不断提高，各种新型投资建造模式的不断涌现，暴露出我国建筑业在快速发展的同时还存在着发展模式粗放，工业化、信息化、标准化水平偏低，管理手段落后等问题。下一步，国家或将逐步引导国有建筑企业通过产权转让、增资扩股、资产剥离、主辅分离等方式推动改制，引导推动有条件的大型设计、施工企业向开发与建造、资本运作与生产经营、设计与施工相结合的方向转变，鼓励有条件的

大型企业从单一业务领域向多业务领域发展,抱守传统的施工总承包建筑企业必将面临严峻挑战。因此,2001年以来,中建坚持"商业化、集团化、科学化"的战略目标,中建的产业结构开始全面持续转型,业务开始涉及铁路和公路,并逐步向地铁方面发展。2010年中建的产业结构已由房屋建筑一业独大,调整为房建、基础设施、房地产业务收入比例为7.3:1.4:1.3。在产业结构转型的同时,中建也提出大市场、大业主、大项目"三大"市场策略,进行房屋建筑业务升级。2009年的IPO整体上市,为中建的战略目标、结构转型、产业升级更是注入了新的活力,转型的节奏变得更快。中建规划的未来五年战略目标是:坚持"品质保障、价值创造"的核心价值观;坚持"一最两跨"的战略目标,即在2015年之前,把中建建设成最具国际竞争力的建筑地产集团,跨入世界500强前百强,跨入全球建筑地产集团前三强。中建及其下属的各工程局如何改变结构单一的产业传统?如何保障"一最两跨"的战略目标实现?人才支撑是毋庸置疑的唯一答案,而项目经理是其中至关重要的一支核心队伍。

二、项目经理队伍的现状以及存在的问题

建筑行业的快速发展推动项目经理队伍不断成熟发展,目前中建总公司各直属企业中,以项目经理为主的人才队伍正逐步呈现出年轻化、专业化、职业化等特点。中建三局在多年的发展中,也培育形成了一支总量充足、专业比较丰富的高素质项目经理队伍。全局1 104名项目经理中,40岁(含)以下的774人,占70%;大学专科以上学历的983人、占89%,中级以上职称的820人,占74.3%,具备国家一、二级注册建造师资格461人,占42%。从专业分类看,房建类588人、公路类8人、桥梁隧道类6人、市政类16人,机电安装379人,钢结构90人,其他专业17人。但随着建筑市场项目管理模式逐步变化,随着城市化进程中投资与建设日益突出的矛盾,BT等各种新型项目管理模式应运而生并快速发展,这些都对企业人才队伍建设提出新的要求。根据中建总公司"十二五"人才规划以及我局"十二五"人才工作计划,各

级企业都对项目经理提出了施工组织以外更多的能力素质要求。特别是当我局获得住建部颁发的新特级最高资质,得到在房建、公路、铁路、市政公用、港口与航道、水利水电、矿山、冶炼、石油化工、电力10个专业领域开展工程总承包、施工总承包和项目管理业务的广阔平台后,我局与之匹配的项目经理资源在数量、知识结构和整体能力素质上都还不能满足新形势的要求,项目经理队伍还存在存量不足、专业不平衡、梯队建设不够等结构性短缺和综合素质不高两大突出问题:

(一)成熟项目经理存量不足

目前全局在建项目814个,在岗项目经理1104名,总量上似乎能满足生产经营发展的需要,但各生产单位仍对经验丰富的项目经理有大量需求。另外,从项目结构分析,在建项目中,BT项目5个,EPC项目252个,专业工程项目557个,而全局专职项目经理仅790人,只占72%。由领导或有证人员挂名的项目执行经理314人,占28%。具备一、二级注册建造师证人员461人,持证率仅为42%,而持证人员中30%~40%的人员并不在项目经理岗位,所以具备胜任能力的项目经理仍然是供不应求。据建筑英才网的招聘数据显示,近两个月以来,每日招聘量最大的职位是建筑师、结构工程师、项目经理等职位。这些职位的日需求量在千人左右。与以往不同的是,这些职位都要求有成熟的岗位经验。可见不仅我局,全社会具备胜任能力的成熟项目经理的存量都是不足的,随着行业的稳步发展,这一缺口仍将进一步扩大。

(二)专业类型不平衡

企业的经营结构直接决定内部人才结构。与发达国家承包商比较,我国大型建筑企业的经营模式比较单一,经营方式比较落后,管理水平不高,国际化程度较低,企业经营范围比较窄,主要在房屋建筑、土木工程等领域,一般只能承担工程设计、采购、施工等利润较低环节的任务,在利润较高的融资及前期策划缺乏竞争优势,工程咨询、勘察设计、项目管理等方面的国际市场开拓能力更加薄弱。所以国内大部分的建筑企业的项目管理人才集中在传统房建领域,我局项目经理的专业分布也是如此,所有项

目经理中,90%以上所学专业是土木工程;从项目的专业类别看,虽然有房建、公路、桥梁隧道、市政、机电安装、钢结构等专业,但大部分非房建专业工程的项目经理也都来自房建施工领域,仍是非房建领域的新手。对照我局"投资建造双轮驱动"的发展战略,房地产开发项目、基础设施投资项目乃至城市综合开发项目的管理人才极其缺乏,项目经理更是奇缺。从全局来看,项目经理的专业结构仍然是不平衡、不合理,也是不能满足企业战略发展需求的。

(三)梯队培育不够

从调查数据分析,我局现在岗项目经理中,在项目工作年限4年以内的有37人,占3%;4~8年207人,占19%;8~15年387人,占35%;15~18年208人,占19%;18年以上265人,占24%。而在项目经理岗位累计工作年限4年以内609人,占55%;4~8年268人,占24%;8~15年184人,17%;15~18年18人,占2%;18年以上25人,占2%。可以看出,项目经理人数在随着岗位从业年限的增加逐渐减少,8年以上,特别是在项目经理岗位坚守15年以上的人员寥寥无几。按照项目经理培养成长的周期规律,8~10年左右是体现一个项目经理真正水平的分水岭,但在这个时间节点上,一大批项目经理却开始转岗离开项目经理岗位。这种现象势必影响成熟的管理经验在项目管理中的传承,长此以往,高端项目所需要的项目管理经历丰富、专业过硬、经验老练的项目经理必然缺乏可培育的人才基础,项目经理队伍的整体水平也必然难以满足"十二五"期间建筑行业结构调整的要求。

(四)综合素质有待提升

一名优秀的项目经理,必须是多种能力的结合体,是兼多种技能于一身的复合型人才。一个能胜任"高、大、精、尖、新"工程项目的项目经理,必须有过硬的技术专才,必须是优秀的策划大师,杰出的理财行家和非凡的管理帅才,必须有高度的政治责任感和忠于职守的道德素质,还要有很强的组织和协调能力、有效的沟通技能、处理压力和排除困难的能力;更应具有领导全局的指挥调度艺术和公关能力,以及创新和变革意识;还必须是终身学习实践者,能够终身学习、不断接收新的知识和理念、不断提高管理能力和技巧。通过调研,我们看到大部分项目经理的职业发展路径都是从施工、生产岗位逐步发展而来。从能力素质看,大部分项目经理的生产组织能力和进度掌控能力较强,责任心、专业技能、协调沟通方面能力素质较好,但在商务、合同管理、推进标准化施工方面、创新创效以及团队建设方面,部分项目经理能力显得不足。同时企业对项目团队的工作目标责任考核中一味强调经济效益,忽视对项目经理在更高层次的建设,如思想道德、与企业相融的管理理念、创新的管理思路、营造团队激情和谐环境的能力、实现项目高标准目标的能力、处理突发事件的应急能力等,必然导致项目经理忽视对自身素质的要求,形成能力素质上的欠缺,并直接影响项目经理综合管理水平的有效提升。

三、问题产生的主要原因分析

(一)培养体系不完善导致在岗项目经理存量不足

建筑业企业项目经理实行建造师执业资格制度后,在持证上岗方面,部分具有丰富实践经验的老项目经理因理论上缺乏系统培训,难以通过建造师考试;而另一方面,相当部分通过考试取证的人员又并不是在岗项目经理。从有关协会曾做调研,通过一级建造师考试的人员,约60%~70%来自设计、监理、造价、招投标及社会上非施工企业。即使是施工企业,也包含很多预算等其他管理人员,在岗项目经理仅占一小部分。如中建总公司在第一次考核认定中,依据条件共上报1 450人,通过879人,而在这879人中,有60%的人在领导岗位上,实际能够在项目经理岗位上工作的不足300人。各工程局也是如此,人岗不匹配的矛盾比较突出。此外,虽然我们在施工领域虽有相对成熟的师资,也长期坚持项目经理的继续教育以及各种专业培训。但工程建设组织方式的变革,使施工企业向开发与建造、资本运作与生产经营、设计与施工相结合的方向转变,这些行业结构调整中产生的新专业领域,是我们所不熟悉的,社会上也很难找到开发与建造、资本运作等专业领域的成熟师资,从总公司到工程局虽然正在努力开展新专业领域项目经理的培训,但也只是个别的案例实务培训,都尚未形成与新型建筑产业结构相配套的专业培训体系,难以保证项目经理的胜任能力快速提高。

(二)单一的业务增长方式制约了项目经理的专业发展

近几年,我局在职工队伍总量增长不多,特别是项目经理总量变化不大,但合约额却以每年超过30%的幅度增长。虽然三局每年招聘大量土木相关专业的应届毕业生,但一个成熟项目经理的培养、成长,至少需要5~8年时间。直接导致了能胜任项目经理岗位的建造师与大中型工程建设项目增长需求的严重缺口。迫于规模不断扩大与项目经理资源日益不足的压力,我局目前只承接合约额2亿以上的项目,这就是单一增长方式下的规模扩张与项目经理资源不足的严重矛盾的直接体现。尤其值得注意的是,2011年1 600亿合约中大部分合约仍来自于传统的房建领域或传统的专业施工工程,EPC、BT项目比重远未达到行业结构调整的比例,大量的项目经理、准项目经理仍然只有房建这个单一的舞台或者学校,项目经理专业发展的要求必然受制于企业单一的增长模式。

(三)激励政策有待完善和创新

项目经理岗位是一个复合型岗位,对人的能力要求高,锻炼成长的速度比同层次的其他岗位快;而且项目经理部一般执行独立的分配体系,收入与项目管理绩效挂钩,只要项目管得好,兑现奖励客观,收入会远高于其他同级岗位。可以说是发展有台阶,收入也可观。所以项目经理岗位对青年骨干人才具有强烈的吸引力。但目前全球经济衰退,国家着力调整经济增长的模式,宏观调控力度加大,越来越多的项目合同条件苛刻,管理难度加大,成本上涨,利润空间降低,想做出很突出的业绩越来越难,个人发展空间也随之受到限制,再加上结算难度增大,兑现政策执行困难,分配激励必然低于预期,这些都淡化了项目经理岗位对优秀员工的吸引力,不利于项目经理队伍的稳定。

(四)项目经理职业化发展机制不健全

按照企业现行的干部选拔、晋升机制,员工的职业发展只有一条行政晋升通道——"项目优则仕"。业绩突出的优秀项目经理一般会选拔到分公司或者公司担任行政职务,项目经理岗位成为培养行政干部的摇篮。而部分未能提升人员在项目经理岗位年限很长,缺失晋升机会,逐渐缺乏斗志。最后出现越优秀的项目经理越不在项目经理岗位上,而从业年限越长,留在项目经理岗位的优秀人才越少的现象。因此,近年来项目经理队伍出现过于年轻化或年老化的两极分化现象:在岗的项目经理,要么在项目经理岗位上时间不长,激情有余,经验不足;要么长期沉淀在项目经理岗位上,看不到职业发展的空间,虽然经验丰富,但激情消褪,不能专注于项目管理工作。企业一旦需要在项目经理中选拔真正能够担任大型、特大型项目经理人才,就失去了选拔的基础,项目经理队伍梯队中高层次人才将严重缺失。

四、项目经理队伍建设的应对措施

中央企业人才工作会议以及党中央、国务院关于加强人才工作的有关精神都对企业人才队伍建设提出了明确要求,中建总公司的"十二五"人才规划已经把项目经理队伍作为重点培育的"七类核心人才"之一。刚刚取得的新特级资质,必将助推我局打破行业垄断,突破领域限制,创新企业运营模式。我们要紧紧抓住建筑业结构调整的历史机遇,加紧落实总公司人才规划,加快引进和培养各专业领域项目经理,建立健全科学的项目经理考核评价机制,创新对项目经理的激励手段,拓宽项目经理的职业发展道路,才能打造一支真正专业化、职业化、国际化的项目经理队伍,促进企业转型升级实现更大的飞跃。

(一)创新引进和选拔项目经理的方式

一要以更加开放的思路做好项目经理人才引进工作。近几年国内从事工程总承包企业中,在煤炭开采、钢铁、有色、发电、建材等以技术、装备为主导的行业中,也涌现了一批具有设计、采购、施工管理、试运行直至竣工移交等工程建设全过程服务能力的大企业。这些企业拥有一批综合管理能力强、融资能力强、谈判能力强、学历高、具有工程项目管理能力、能调动上下游市场资源的专业人才。我们要创新引才方式,拓宽引才渠道,积极主动搜集上述企业优秀人才的分布情况,建立各类项目经理人才资源库,对目标人才动态适时予以关注,择机与专业猎头公司合作。或在目标人才聚集区举办专场招聘会或研讨会,吸引更多项目经理人才加盟三局。

二要通过公开竞聘及职业生涯规划等形式加强后备选拔和开发。由各单位人力资源部门和相关部门集中进行项目经理岗位的公开竞聘。通过内部竞聘上岗这种"赛马"的方式,大胆起用有一定工作经历和经验、业绩突出的人员,选拔到一些重大项目、关键岗位和复杂环境中进行锻炼,建立项目经理后备人才库。发现、选拔、任用更多真正的优秀人才充实到项目经理队伍,分层级建立项目经理后备人才梯队,并根据层级实施有针对性的培养与锻炼,进一步扩充项目经理、后备项目经理总量。对广大青年人才进行职业生涯设计,找准项目经理培养的"苗子",并在其发展过程中注意跟踪、考核、培养和使用,予以足够的关心与重视。

三要积极引导项目总工、技术总工、商务经理等强相关岗位人员,通过加大纵向培养力度,加快他们向项目经理转变的成长步伐。可通过评选金牌项目经理和技术总工等形式,按照申报、初审、公示等程序,评选出金牌项目总工、金牌技术总工、金牌商务经理等,以激励专业人才走职业化道路,培养和造就职业项目经理队伍后备人才。加大对项目总工、技术总工、商务经理等岗位人员的横向交流合作,通过在岗轮岗、兼职等多种渠道,培养复合型人才,缩短项目经理人才培养周期。

(二)加大项目经理培训力度

现代项目管理已经发展成为一门学科,相关知识组成了项目管理知识体系。要求项目经理具备全面控制与协调解决复杂问题的素质提高综合管理水平。要抓好项目经理培训,就必须帮助项目经理完善知识结构,增强决策能力、创新能力、战略开拓能力和现代企业经营管理能力,逐步实现知识更新型培训向胜任能力型培训的转变。

一要注重培训内容的更新,强化专业知识的培训。项目经理的范围已经不仅指过去建筑施工企业或施工阶段的项目经理,而是项目管理全过程的项目经理,培训内容上,除了传统的施工建造内容,DB(设计–施工总承包)、EPC(设计–采购–施工)、BT(建造–转让)、BOT(建造–运营–转让)等新型建设管理模式的专业知识都是必须学习的重要内容。今后相当一段时间要加强对工程项目总承包管理领域项目经理培训。这是新时期建设工程项目管理、建筑业生产方式的一项深层次变革;是进一步提高建设工程项目管理水平,保证工程质量,提升项目投资效益的必要措施;是企业调整经营结构,增强综合实力的必然要求。

二要加强项目经理的能力素质培养。对项目经理培训时,要以能力素质为重点,切实提高项目经理的综合管理水平和系统的思维能力。建设工程是一个庞杂的系统工程,涉及多工种、多部门之间的配合和协调。项目经理是连接一线作业和项目决策的纽带,他们应具备工程质量、工期、投资的综合控制能力,能够最大程度地避免工程建设各阶段不协调造成工期拖延、投资增加和合同纠纷等问题,为项目业主最大程度地解决后顾之忧。项目经理除了必需的专业知识和较强的执行力外,还应具备包括计划安排、资源统筹、监管控制、危机处理、沟通协调、市场对接、分析决策在内的工程总承包全流程管理能力和综合协调能力,能够在法律的框架内自由地选择设计提供商和施工提供商。抓项目经理能力素质培训,首先要根据不同类型的项目,建立专业清晰、层次分明的培养体系。再根据不同能力特征的项目经理,有针对性地开展培训活动,可以集中培训、网络学习、岗位锻炼、考察深造等多种形式落实各项培训计划,塑造和提升项目经理整体综合素质。

三要抓好重点培训对象。今后相当一段时间重点应是加强对工程总承包和小型项目经理的培训,也就是抓好"两头"。一方面要对大中型项目经理主要是进行知识更新充好电,重点是工程总承包和国际工程承包以及现代化管理方法的培训。另外对小型项目经理、后备项目经理也要进行岗位知识补缺,当前除了加强对原取得资质证书的各类项目经理进行继续教育,对小型项目经理应重点加强项目管理基本知识的学习。

四要加强交流,沉淀经验,培育项目管理的快速复制能力。要加强项目经理的交流,对于典型的、优秀的项目管理经验要制作成培训课件,通过共享到网络学习平台,形成沉淀,快速增强整个项目经理队伍的项目管理水平。要在总结近十年项目经理培训工作的基础上,加强对培训观念、培训结构、培养模式、教师队伍建设、培训内容和教学方法等关键问题的深入调研和决策。

(三)优化项目经理资源配置

项目经理作为建筑企业的职业经理人,一旦具备担当某一类型工程项目经理的能力和资质,就应能在不同单位的同类项目中担任项目经理,这是专业化、职业化和资源优化配置的必然趋势。企业应在项目之初同步建立项目经理档案,全面完整地记录项目经理的气质类型、能力特点、项目业绩,既能为客观考核项目经理业绩评优等提供依据,又能依据考核结果对项目经理综合评估并分类排序,随时根据项目特点调用数据库信息进行资源整合,挑选出匹配的人选组建项目经理为核心的项目班子。同时还可以通过业绩档案数据库,把对项目经理的管理纳入企业内部和行业诚信体系,推动项目经理人才在企业内部的有序竞争和合理流动。

(四)建立项目经理职业发展体系

要建立以项目经理能力业绩评估(包括业绩实践经验积累、综合管理能力)为基础的职级标准,形成完整的项目经理职级评价体系,不仅可以指导企业按照职级标准所要求的能力要求来组织相关项目经理培训培养工作,而且可以引导项目经理主动提升个人专业能力,从而促进组织绩效和员工个人绩效的持续提高,这既是行政职级的一种重要补充,也为广大的项目经理开辟了一条新的职业晋升通道,是加快项目经理队伍职业化进程的重要措施。建立项目经理岗位职级考评体系首先要科学制订评价标准。要以能力素质和岗位业绩为主要依据,分级制定由品德、知识、经历、能力与业绩等要素构成的项目经理岗位职业资质评价标准,明确不同级别项目经理应掌握和具备的知识能力业绩等要求,分级认证,分步实施。其次要强化考核。要在明确岗位职责的基础上,以提升项目经理能力素质为导向,以项目业绩为重点,将考核工作常态化。要坚持公正透明,严格

把关,按照不同职级分类考核,以保证项目管理人才整体素质的逐级提升。

(五)完善项目经理激励机制

要坚持"以人为本"的管理理念,要采取多层次、多形式的激励,不断完善各种激励制度,做到物质激励与精神激励相结合、短期激励与长期激励相结合、普遍激励与特殊激励、正向激励与负向激励相结合。要把项目经理的考核结果与收入分配、选拔使用和职业发展相结合,建立有利于项目经理成长的激励机制。要加大项目兑现力度,及时兑现。要把品德、能力和业绩作为考核衡量项目经理的主要标准,不唯学历职称,不唯资历身份,不拘一格选用优秀人才。要因材施用,根据项目经理、后备项目经理的特点和能力为其提供适宜的岗位。对有一定工作经历和经验、业绩突出的后备人员,大胆起用,安排到各类典型的项目担任项目副经理、项目经理助理,实行传帮带。对有潜质的优秀项目注重安排到一些重大项目、海外项目、复杂环境中进行锻炼,进一步扩宽其视野,提升其综合能力及国际工程管理能力。要积极推荐和评选优秀项目经理,宣传、表彰有突出能力和贡献的项目经理,不断提高其社会影响力和职业声望,形成专业领域和行业内个人品牌。总之,要不断完善项目经理激励机制,为项目经理队伍的专业化、职业化、国际化创造更加有利的条件。⑤

参考文献

[1]《关于培育发展工程总承包和工程项目管理企业的指导意见》(建市[2003]30号).

[2]《建设工程项目管理试行办法》(建市[2004]200号).

[3]《建设工程总承包项目管理规范》(GB/T 50358-2005).

[4]《建设工程项目管理规范(GB/T 50326-2006)》.

[5]《发展工程总承包的困局及对策研究》(徐晓东 2011-5-13).

[6]住房和城乡建设部《建筑业"十二五"发展规划》(2011-8-18).

[7]中国建筑2011年度报告(2012-4-19).

[8]中国建筑工程总公司"十二五"发展战略规划.

论中国建筑国际化人才使用与培养

张建伟

（中国建筑股份有限公司，北京 100037）

不管是跨出了国际化门槛的中国企业，还是正在"走出去"的中国企业，对人才，特别是国际化人才都求之若渴，高素质的国际化人才是使企业在国际竞争中争取主动、增强全球化竞争实力的有效手段。

中国建筑曾经是中国最早走出去的企业之一，海外业务收入曾经占据中国企业海外收入的三分之一，曾经拥有过海外发展的成就与辉煌。遗憾的是，如公司领导在 2011 年度工作报告中指出的"在中国日益融入世界经济，中国企业全方位拓展海外市场，大举走出国门的这几年，我们的海外业务虽同比取得了比较大的进步，但海外占比却逐年降低；和兄弟企业的步伐相比，也落后了不少"。为了加速中国建筑国际化发展、让海外亮起来，公司提出了"一最两跨"的战略目标，以及"以国际化为引领，全面提升企业核心竞争力"的工作重点，其核心就是国际化。这给我们提出了一个亟待思考与解决的话题：如何培养与使用好中国建筑需要的国际化人才。

一、国际化人才内涵、形成发展及重要性

（一）内涵

1.国内通用定义

国际化人才在不同的背景、不同的环境、不同的要求下，有着不同的定义。从实际应用角度出发，国际化人才很难完全定义，只能说根据企业的需要去定义最为企业合适的人才。

1998 年 TCL 集团刚开始国际化的时候，大家更多冒出来的第一个概念往往就是两个方面：一个外语，另一个是在国外待过没有。现在，随着国际化逐步发展，国际化人才这一概念在不断地扩展至文化方面，尤其是像价值观认同等深层次方面都开始被考量了。

目前相对认可的国际化人才定义，是指具有国际化意识和胸怀以及国际一流的知识结构，视野和能力达到国际化水准，在全球化竞争中善于把握机遇和争取主动的高层次人才。国际化人才应具备以下几种素质：较强的跨文化沟通能力；独立的国际活动能力；较强的运用和处理信息的能力；必须具备较高的政治思想素质和健康的心理素质；能经受多元文化的冲击；在做国际人的同时不至于丧失人格和国格。

2.中国建筑国际化人才定位

对于中国建筑的国际化人才内涵，我认为应分阶段进行定位。在目前海外业务迅速拓展、人才需求较为迫切的阶段，应重点放在具备上述基本素质，如熟悉掌握本专业的国际化知识；熟悉掌握国际惯例，以及较强的跨文化沟通能力等方面上，优先解决海外业务对人员数量的需求。待海外人才培养足够成熟后，再提升国际化人才需要具备的标准与素质，最终要达到上述国际化人才定位。

中建总公司印发的《中国建筑关于新时期加快发展海外业务的决定》（以下简称《海外业务决定》）中确定的"大海外"战略关于国际化人才的内涵是：拥有一大批忠诚于中建海外事业，熟悉国际工程承包市场，懂技术、会管理、擅语言、精商务的海外事业职业化人才。

我们需要的国际化人才，还应注意以下几点：

第一，应该是满足海外业务需要的各类管理与专业人才，而不仅仅指作为海外业务领军人物的高

端人才。

第二，我们关注的国际化人才培养，不仅仅是有过长期国外工作或学习经历的人员，还应包括在国内通过多种方式培养出来的，具有宽广的国际化视野和强烈的创新意识、熟悉掌握本专业的国际化知识、熟悉掌握国际惯例等能力的人才，应称之为"准国际化人才"，或国际化人才后备。

第三，我们需要的国际化人才应包括在海外工作的属地化人才。

（二）国际化人才形成及发展

早在1966年美国就制定了《国际教育法》，后《美国2000年教育目标法》又强调教育国际化，明确提出采用"面貌新，与众不同的方法使每个学生都能达到知识的世界级标准"。而日本在1987年就提出培养国际化人才的目标；德国、英国、法国、韩国等也纷纷开展了各式各样的国际教育。近年来，我国对人才队伍建设越来越重视，在《2002-2005年全国人才队伍建设规划纲要》中特别提到要培养造就一批职业化、现代化、国际化的优秀企业家，一批具有世界前沿水平的学科带头人。

了解了国际与国内对国际化人才的重视与关注，也就更需要明确我们对国际化人才培养的责任与紧迫感。

（三）重要性

1.多家观点看国际化人才的重要性

人才国际化是企业实现全球化经营的重要战略，国际化人才在海外拓展中的作用十分突出，其宽阔的国际视野，成功的国际从业经验，扎实的理论基础和雄厚的创新实力，对于全球化背景下企业的发展战略实现有较强的推动和孵化作用。把具有国际视野的国际化人才作为优质资源，对于企业海外事业的发展往往具有决定性作用。

"在民族品牌走出国门成为国际品牌的进程中，人才是关键，而本公司现在最缺的就是国际化的人才。"华旗资讯的总裁冯军招聘员工时感慨颇深地说；

明基董事长李焜耀放弃并购西门子后如是说："此次并购失败，人才资源不够是其中非常重要的影

响因素。至于今后主要的挑战，国际化人才是一个大的挑战。"

而身兼TTE高级顾问的中欧管理学教授杨国安，还不得不当起了TCL的高级猎头，"华人企业国际化的最大难题，在于缺少国际化人才。"

上述企业家或学者的观点可以看出，国际化人才在企业发展中起着重要作用。

2.中国建筑国际化人才的重要性

人才是中国建筑发展海外业务的第一要素，也是决定性因素。国际化人才对中国建筑的重要意义，个人认为有以下几个方面：

（1）实施企业战略的需要。作为一个进入世界500强的企业，参与全球化市场竞争必不可少，中国建筑确定"一最两跨"的战略目标，实施"走出去"、"大海外"战略，通过人才、资金、技术上的大投入，统一品牌，统一管理，将中国建筑发展成为全球知名品牌，必须依靠一大批国际化人才开拓和支撑。

（2）海外业务发展的需要。2011年底中国建筑海外业务收入近300亿元，需要各类管理和技术人才充实到海外机构或项目上，特别是需要外语好、有工作经历、熟知国际惯例的国际化人才，人才缺乏将会直接影响到海外业务的经营与发展。

（3）企业人才结构调整的需要。中建目前有自有职工近15万人，其中各类管理和技术人员12.3万人，要实施"专业化、职业化、国际化"人才策略，急需在国际化人才培养上下功夫。

（4）企业人才培养与发展的需要。有计划地培养企业需要的国际化人才同时，要充分考虑企业员工个人成长与发展的需要，培养具有国际化视野与国际一流的知识水准与能力的高层次人才，也是大多数有潜质员工的需求与渴望，以此为切入点也有利于对员工的开发与培养。

二、中国建筑国际化人才现状分析

（一）人员状况

2005年，总公司曾做过一项海外人员的统计。自1979年开展海外经营业务以来，截止到2004年底，

累计派出20多万人,其中管理人员近万人。1989年海外人员达到900余人,1999年达到7 000余人。随着海外经营规模的不断扩大,到2004年海外人员总数达到20 475人,其中管理人员3 575人(其中内派人员1 038人,属地化人员2 537人),劳务人员16 900人(其中国内派出12 766人,属地化劳工4 134人)。

2011年底,海外雇员人数7 190人,其中,系统内派驻海外人员3 465人(管理与技术人员3 366人,劳务人员99人);系统外派驻海外人员1 306人(管理与技术人员209人,劳务人员1 097人);属地化雇员人数为2 419人(管理与技术人员428人,劳务人员1 991人)。

由2011年数据可以看出,系统内派驻海外人员多为管理与技术人员,占97%,系统外派驻及属地化人员多为劳务人员,管理与技术人员仅占21%。

本文中所涉及的国际化人才主要指上述人员中的管理与专业技术人员。

(二)存在问题与不足

1.海外人才的数量、质量不足

虽然总公司在30多年的海外经营实践中培养了大批国际化的人才,但与总公司"到2015年,完成主营业务收入800亿元(占集团收入10%),成为中国最大的国际承包商,并进入ENR国际承包商前15名"的愿景与事业相比,还是有较大缺口。尤其是高级经营管理人员、项目经理、机电经理、合约经理等骨干人才短缺,同时具备国际工程管理经验和一定外语水平的复合型人才不足,管理人员和操作层人员素质还有待提高。人员属地化程度低,不能充分利用当地人力资源。

2.海外人员的稳定性不强

由于国内外一体化的人才吸引、培养、使用机制尚未完善,对海外人员的薪酬福利、回国安置、培训发展等政策缺乏综合配套的激励措施,吸引人才、凝聚人才的良好环境和企业文化还需进一步提升。同时,由于一些驻外机构的生活条件艰苦,工作环境单调、枯燥,且长期在外工作易与国内脱节,家庭问题、子女教育等诸多现实问题难以解决,使得一些在国外的人员很难

长期在海外安心工作,甚至出现人才流失现象。

3.海外人才的储备、选派需要强化

由于缺乏中长期海外人才发展规划和短期的人员需求计划,海外人才的选拔往往处于被动局面。人才资源调剂与共享机制尚未健全,特别是总公司系统内没有形成良好的人才资源共享环境,无法实现国内外的良性循环和合理流动,缺少对系统内具有海外工作经历人员的跟踪管理,和有针对性地对具有海外工作潜质的"准"海外人才的"用前培养",使海外人才储备不足的问题不能从根本上得到解决。

三、国际化人才使用与培养措施

国际化人才使用与培养可以简言之:人才国际化。人才国际化包含了不断地使用国际化人才和培养现有人才达到国际化人才基本素质要求两个层面。

针对上述国际化人才存在的问题与不足,主要应从四方面进行推进:

(一)搭建国内外联动的国际化人才培养平台

海外事业如同一个巨大的国际化人才吸纳水池,其流出、流入口与国内衔接,流入不畅会造成水池的"干涸",而流出不畅,既影响水池的活力、也会造成流入受阻。因而,国际化人才的使用与培养,不仅仅是海外机构的需要与责任,更重要的是国内外企业要站在集团战略的高度,共同培育国际化人才的使用与培养机制与环境。

1.提高认识,加强对海外人才工作的重视

总公司系统国内企业和驻外机构,要在营造海外人才培养环境、搭建事业平台、整合资源实现共享等方面共同做出努力。驻外机构要强化"以人为本"的管理理念,加强对人才的关心与沟通,创造凝聚人才的良好氛围。国内各企业则应树立正确的海外人才观,注意吸引、培养和使用海外人才,并从大局出发,以"输出人才、赢得优势"的意识和胸怀,积极支持与推动系统内部人才资源的输出与共享。

2.科学部署,制定海外人才工作规划

海外人才工作必须在充分调研和分析的基础上,配合总公司的经营战略部署和海外事业的发展

愿景,研究制定中长期发展规划和短期人员需求、派遣计划,以及人员回国安置计划等,有计划、分阶段培养好素质高、能力强、作风硬、具有国际竞争力的海外人才队伍。

3.建立机制,鼓励人才主动践行国际化

要将海外工作经历作为员工职业发展当中不可或缺的一环。《海外业务决定》中强调,凡从事或参与海外业务的机构(单位),一定要在人员的晋升方面体现海外"元素"。中国建筑总部一些重要岗位,每年要定量安排一些具有长期海外工作经验和工作绩效的同志来担任,以体现集团国际化特点,体现集团重视海外业务的理念。集团总部各部门、事业部以及其他二级单位的后备干部,要有选择地派往海外机构工作。通过这些机制的建立,鼓励更多的人才到海外工作与锻炼。

4.统筹安排,做好海外人员回国安置工作

公司《海外业务决定》中提出:"发挥集团优势,多渠道安排回国人员","必要时可采取行政手段在二级企业安排回国人员"。实际操作中,一是未能充分发挥行政手段,二是由于一些企业受编制限制,难以或不愿意接收回国人员,造成许多回国人员难以安排,既容易使一些优秀人才流失,也容易造成海外人员或拟派出人员的担忧。

做好海外人员回国后的安置工作。建立海外回国人员工作评价机制,对其在国外工作期间的工作表现进行客观评价,作为今后对其培养和使用的依据。遵循专业化原则,结合海外人才驻外期间的工作经历、岗位和本人意愿安排国内工作,尽可能确保国内外专业工作经历的延续,发挥驻外工作人员在海外工作期间积累的在语言、国际惯例方面的特长,安排与海外业务有关的岗位或外资项目上工作,避免因安置不当造成海外人员的顾虑,并影响其他人员投入到海外事业的积极性。

(二)海外人员使用、激励与培养

1.强化使用,在实践中造就海外人才

(1)加强驻外机构的领导班子建设。围绕总公司提出的"四好"班子建设意见,结合海外工作的特殊性,建设具有中建海外特色的领导班子。继续加强对驻外

机构领导班子的考核管理,树立以绩效为导向的薪酬体系,针对不同机构类型与业绩指标来核定班子成员年薪,并进行奖励兑现。同时建立对驻外机构领导班子的约束机制,加强审计、监督检查等方面工作。

(2)强化岗位锻炼成才。在建立科学考核管理体系的基础上,大胆使用人才,鼓励其在大风大浪中锻炼、摔打成才。对于不同层次和专业的海外工作人员,根据其自身特点和能力提供适宜的岗位,为促进其成长为国际化人才创造机会和条件。对具有一定工程经验和外语能力的优秀人才,应适时选派到重大项目或关键岗位进行锻炼和培养;对翻译类专业人员,在发挥其语言能力和特长的同时,安排到合约商务、行政管理等岗位工作,帮助其成为复合型专业人才;对新毕业学生,应先派到条件相对艰苦的国家或地区进行锻炼,根据其表现和特点,安排到适合其发展的岗位培养,并由"老"海外人员一对一地进行"传、帮、带"。

2.体现激励,做好薪酬福利与职业发展体系建设

(1)建立具有一定吸引力的海外薪酬和福利体系。在加强海外项目管理、合理控制成本的前提下,拉开海外人员与国内人员的收入差距,拉开关键岗位与一般岗位、骨干人员与一般人员的收入差距,向海外关键岗位和骨干管理岗位予以倾斜,从薪酬上做到吸引人才、留住人才。

按照"管理标准化,运行多样化"的原则,完善海外人员福利体系。做好海外人员国内"四险一金"缴纳、探亲休假等工作,研究制定符合国际惯例的配偶安置、子女教育等政策,以解决海外工作人员后顾之忧。

(2)制定并实施国内外一体化的员工职业发展体系。完善海外人员岗位设置体系,为海外人才,特别是青年海外人才提供一个不断晋升、发展的空间和渠道。海外岗位的设置要与国内同类岗位具有可比性,使海外人员回国后能够在其工作经历和经验的基础上,持续向上发展,激发其工作热情。探索海外工作人员定期轮换制度,在保证驻外机构正常生产经营活动的前提下,对人员进行定期轮换,避免因长期在国外工作造成与国内脱节,并在一定程度上缓解海外人员的家庭问题。要加强对海外人才职业

生涯的规划与设计,注重根据海外人才个人特长,帮其找准发展方向,发挥才能。

3.注重培养,加强对海外人才的培训

树立"终身学习,终身实践"的理念,构建系统的海外人才培训体系。

(1)制定海外人才培训计划。海外人员培训是股份公司提出的"教育全覆盖"的重要组成部分。针对不同类型的海外人才,制定中长期培训规划和短期培训计划,进行多种方式、多种层次、不同内容侧重的培训,以提高海外人才素质,最大程度地发挥海外人才的作用。

(2)加强海外人才出境前的培训。对拟派赴海外工作的人员进行行前教育,宣传前往国家的政策法律、风俗习惯,这是国家有关部门一贯的要求,也是我们对海外人才最基本的培训。在此基础上,对拟派赴海外工作的新招收大学毕业生的集中培训,除介绍总公司国内及海外业务的概况、员工守则等基本知识以外,主要应针对学生的不同专业进行不同侧重点的培训。对工程类专业的毕业生,以国际工程规范、国际商务运作和语言等内容为培训重点,对语言类专业毕业生,则以建筑工程基本知识为重点,进行有针对性的专项培训。

(3)加强海外人才在外工作期间的培训。海外人员由于长期远离国内、生活相对枯燥、回国后易与国内脱节等原因,更渴望和需要培训。各驻外机构应采取岗位培训、语言培训和内部专业人员讲座等多种形式,加强对所属人员的培训。同时,应加强与国内培训工作互动,如由集团总部组成由外聘专家、公司企业或部门领导与员工参加的培训团组,定期到海外人员集中的机构,进行具有最新理论的专业知识、国际礼仪、公司发展介绍等培训,宣贯企业文化,构建海外学习型组织与氛围。

对新到岗的大学毕业生,应注重辅导性培训,从而使学生们能够很快熟悉海外工作的程序和规则,尽早进入角色。

重视对骨干管理人员的培训,可利用骨干人员回国探亲、出差等机会,在国内对他们进行带薪集中培训,或安排在国内临时性从事相关管理岗位工作,了解掌握国内及企业情况,避免因长期在外工作与国内脱节。

4.增强凝聚力,建设和谐的海外企业文化

海外工作人员远离家人和熟悉的国内环境,背井离乡到异地工作和生活,又往往由于语言、文化等原因不能很好地融入当地社会。因此,增进情感交流,加强沟通与关怀,建设和谐的海外企业文化就显得尤为重要。

要切实加强对海外人才的人文关怀。加强与海外工作人员的沟通和交流,从思想上和生活上关心海外人员的动态,创造和谐良好的工作氛围,让海外人员感到温暖,安心工作。对于出现消极思想苗头的人员,应及时劝导,帮助其解开心结,树立正确的观念。对于有家庭困难的人员,可采取安排回国短期工作或休假等方式,给予帮助和照顾。

在完善对员工物质激励的基础上,加强对海外人员的精神激励。通过组织创优争先、评选"海外十佳"等活动,鼓励员工积极努力地工作。探讨设立"海外人才培养专项基金"或"海外特殊人才专项补贴"等,加强对海外人才的奖励。加大宣传教育的力度,让海外人员以自己的事业为荣,为自己的经历和贡献骄傲,增强凝聚力。

采取多种方式组织员工参加各项文体娱乐活动,让员工在紧张、忙碌的工作之余,身体得到锻炼,心情也随之放松。进而使员工的团队精神得到加强,以更大的激情投入到海外事业中去。

(三)属地化人员的使用与管理

提高企业属地化水平,是强化中国建筑国际化特色,是实现"大海外"发展战略的必然要求。提高驻外机构属地化能力,必然要做好属地化人员使用与管理。

1.体现包容,营造良好的跨国文化氛围

在集团层面,关注并逐步将属地化人员管理纳入人力资源管理体系中,目前,在集团层面管理中,属地化人员管理更多地体现在报表里,其他方面管理涉及较少,也不够完善。作为一个国际化公司,人力资源管理体系应体现多元化,如在统一薪酬福利框架内,结合属地化的特点,建立相应的薪酬福利体系等,"以更开放、包容的文化与管理体系,吸引不同肤色、宗教及文化的优秀人才为中国建筑效力"。

2.结合实际,加大属地化人员使用比例

针对属地化程度低的状况,充分利用驻在国(地)的人力资源,有利于海外机构迅速融入当地市场,缩短熟悉、了解当地法律法规和市场运行规则的进程。根据海外机构的不同发展阶段和当地经济发展水平,在条件成熟的地区,加快推动海外机构的属地化进程,最终达到海外机构属地化管理人员占全部管理人员一定的比例,通过管理人员的属地化带动驻外机构的全面属地化,有效地促进公司从跨国经营向跨国公司的转变。

3.形式多样,帮助属地化人员融入

应采取多种形式和方法,帮助属地化人员融入中建大家庭。如安排属地化优秀员工到国内休假、旅游、参观公司及经典工程等;安排属地化员工参加当地培训,为其职业生涯发展铺路等等,让属地化人员感受到公司的关心与关注,接受公司文化,把中建作为自己事业上的家,长期为中国建筑效力。

(四)国内国际化后备人才吸引与培养

1.拓宽渠道,共享资源,加强海外人才的引进和储备

(1)针对海外人才储备渠道不畅,系统内人才资源紧缺和闲置并存的状况,在系统内着力营造人才流动与共享的环境,将公司国内各企业的人才资源作为公司海外人才的有力支持。通过建立海外人才库,汇集系统内具有海外工作培养前途的人员信息和资料,为选拔、培养海外人才提供支持,搭建海外事业与国内企业之间人才流动的平台。

(2)针对海外人才数量不足,把接收应届毕业生作为引进海外人才的重要手段。加强与各大院校特别是重点高校的联系与沟通,积极引进懂专业、外语好、肯吃苦、具有献身海外事业精神的优秀毕业生,派到海外去有计划培养和锻炼,逐渐形成一支素质优良、本领过硬的海外人才后备队伍。

(3)针对海外业务有时急需专业性强的"成手",

通过媒体发布广告、社会招聘会等方式在公司系统外挖掘潜力、广纳人才,宣传公司海外事业的品牌优势和人才发展空间,吸引社会人才,作为海外人才选拔的补充渠道。

2.充分挖掘潜力,加强对国内有潜质员工的培养与储备

(1)充分利用各方资源。发挥总公司管理学院的职能和作用,定期举办海外业务培训班,对在国内工作的各类专业人才,进行有关海外市场规则、国际工程管理、国际项目运作及语言等方面知识的轮训,以作为提高海外人才储备力量的手段。

(2)组合社会资源,加强与国际著名公司的"强强联合",互派人员进行学习、培养,或选送青年骨干就近到境外的专业培训机构或专业院校进行在职进修或短期培训,着力培养一批具有丰富的海外实战经验和扎实的国际工程管理知识、善于经营和管理的骨干型高级管理人员和优秀项目经理,使其具备能够融入当地主流社会的知识、技能和思维方式。

3.积极尝试,引入外籍员工增加活力与国际元素

可探讨在集团层面进行尝试,在适合的岗位引入少量外籍员工,如在培训机构负责外语及国外文化等方面培训,借助"鲶鱼效应",搅活一池水,在理念与管理方式、跨国文化等方面带给大家的冲击,促使员工更多地学习和了解相关的知识与语言,从意识与行为上贴近国际化人才标准。

国际化人才培养是一项系统性工程,需要集团上下、国内外企业与机构的联动和努力,希望在不久的将来,中国建筑能培养出一支优秀卓越的国际化人才队伍,为我们海外事业再创辉煌提供强有力的支撑与保障。

参考文献

[1]中国建筑股份有限公司"十二五"发展规划.

[2]易军董事长、官庆总经理在中国建筑2012年工作会议上的讲话.

[3]中国建筑关于新时期加快发展海外业务的决定.

[4]中国建筑"十二五"人才工作专项规划.

关于企业留住人才的几点思考

张国立

(中国建筑第二局有限公司人力资源部，北京 100054)

当今社会，合理的人才流动是件好事，但对于一个企业如果是"出多进少"或是"只出不进"，有点能力的人纷纷跳槽，那就是人才流失了，至少我们在慨叹、无奈、议论、惊讶之余，想想他们为什么会离开？企业又怎样才能把这些充满自信的精英们留住呢？

一、做富做强企业凝聚人才

做富做强企业是凝聚人才的最先决条件，更是吸引人才最大的资本。所以，无论谁是企业的领导人都要做好"做富做强企业"这篇文章。做富做强企业要做好定位。包括市场发展定位、管理模式定位、经营策略定位等等，只有知己知彼才能百战百胜。做富做强企业要做到全面发展。企业的经营管理就是一个木桶原理，哪块都不能短，哪块长了也没有意义，这个木桶能装多少水取决于最短那块木板。只突出一方面并不代表企业具有实力，只有每一个方面都具有竞争力，才能在同行中立于不败之地。做富做强企业更要做大做实。企业经营者不仅要有"大事业"的追求，"大舞台"的胸怀，而且要有"大舰队"的体制，"大家庭"的感受。任何浮夸和虚报，只能是急功近利，短期行为。唯有脚踏实地才能站稳脚跟。做富做强企业要有一个好班子。企业领导班子不仅承担重大的责任、使命和企业的发展远景，而且应该将它转化为每一位员工共同的理想。带领企业员工昂扬奋进、开拓创新，引导员工克服困难、艰苦创业。

二、建好激励机制激活人才

激励机制有物质激励也有精神激励，有榜样激励也有目标激励。物质激励如高薪、分房子、出国等等是最有诱惑力的一种，的确这可以激发受益者的积极性，但是如果没有一套科学、透明、公正让人信服的奖励标准，就会适得其反，导致一系列不良后果；榜样激励是我们常用的方式，榜样的力量是无穷的，它能够促中间带落后，推动各项工作的开展，一方面我们要树立好各个岗位的先进典型，使广大职工学有榜样，赶有目标，形成你追我赶的良好氛围。

一方面要求领导人要以身作则。企业领导者在企业中居于独特的地位，他们的行为影响着整个企业的行为和员工的行为。一个廉洁奉公、积极向上的领导者，定会给职工留下值得信赖的良好形象和人格魅力。对于好的企业如此，对于困难的企业这一点更重要；目标激励时刻存在，而且体现在每一份工作、每一个项目、每一个部门中。制定既激励人心又切实可行的奋斗目标，既表明企业的努力方向，也代表职工对未来的憧憬和追求，能得到全体员工的认同，企业的共同奋斗目标的方向感、使命感和职工个人理想目标的荣誉感、追求感融为一体，能够形成激励职工奋发进取的内在动力。情感激励是激励机制中最简单、最行之有效的方法。往往是最容易被忽视的。情感激励是靠感情的力量去打动人心、感化情绪的一种方法，也是最能反映一个企业人性化管理的必要手段。它体现的是人与人之间的平等、尊重和关心。这对企业各个层次的领导者尤为重要。平易近人、平等待人、会关心人、尊重人是每一个领导者应具备的基本素养，也是员工最喜欢拥戴的领导形象，要让每一个员工感觉到你不但是他们的领导和管理者，更是他们的知心朋友。只有这样时刻"用心"去关心员工，只有企业"用心"去换取，员工才会"安心"。

三、转变用人观念用好人才

首先要有合理的人才定位。一个企业就像一部机器，每一位员工就是机器中的各个零件，它不应该有好坏之分，只有一般和关键之分，只有每一个零件都发挥作用机器才能正常运转，但如果我们认为关键部位重要，就是人才，未免有些偏颇，更不利于"竞争环境"的营造，当然也就无法激发出其他员工的激情。每一个企业都有很多个工作岗位，只有每个岗位的工作做到了高效、优质，只有每个人做到了尽职尽责，企业才会持续发展，搞好企业靠一两个人是绝对不可能的。所以对于企业而言，合适就是最好。衡量一个人是不是人才，关键要看三点：人品、学识、能力。每个人在他喜欢、擅长的某个方面或某几方面,相对于他人就是最强的,一定程度上就是专家。也就是只要在每个岗位上勤勤恳恳、兢兢业业,发挥着作用的员工,我们都该把他当作人才来看待,给他们适合于自己工作能力的工作,赋予他们足够的发展空间,让他们感受到自身价值的存在。

第二,人才要选好用好。选好人才,用好人才是企业领导者的一个重要职责,也是企业发展的根本。在全球经济一体化的今天,人才竞争成了人们和企业关注的焦点。一方面要有合理的人才流动,另一方面还必须设法留住人才,吸引人才。人才流动,不仅使有志者找到最合适自己的工作岗位和发展空间;留住人才,更使企业发展有了动力源泉。这两方面是从不同角度、不同利益所说的,二者是辩证的统一。再者要认真考察建立起后备干部队伍,做好相应的培养,定期谈话、定期考核,让培养对象本身认识到自身的责任和使命。如果这边建立了后备干部队伍,而那边在选拔干部时,并没有从中去选,那建立后备干部队伍还有什么意义呢。那不仅是一个错误,而且会失去员工对组织的信任,更会让那些积极向上的人大失所望。

第三,要分工明确,奖罚分明。我们实行岗薪制也好,实行档案工资也好,且不说工资的高低,最关键的是,我们的薪酬设计是否科学,责任分工是否明确,相应考核机制是否跟上。每个员工是否清楚自己的岗位到底包含了哪些内容,他的付出和回报是否相符,如果依然存在干多干少一个样,久而久之又会形成新机制下的"大锅饭",更反映了企业管理方面的漏洞。

第四,要注重员工的培训。对于初到公司的新员工,培训是对他最好的开始,包括公司的历史、自己的岗位职责、各种规章制度、企业文化等等,不仅让他在短期内就融入这个集体,更会让他感觉到公司的规范程度。如果无人问津,让他自己去摸索,伴着怀疑和猜测去工作他会呆多久呢。对于老员工来说,只有觉得有适当的培训机会,有较多的业务提高机会,才会愿意较长期地、心情舒畅地干下去。随着企业的发展,对员工的要求会越来越高,员工的知识和观念也需要不断更新。因此,必须重视对员工的知识和技能的培训。

四、不断创新变革锤炼人才

没有创新和变革,对一个企业来说,就等于没有了生命力。当然创新和变革的过程中会涉及一部分人的利益,然而只要它对企业的发展有利那就是合理的。但在创新和变革的过程中要注意把握几点:

(1)企业存在问题,很多是企业领导者的问题。如果一味强调客观、市场,那将会失去改革的积极性,就会怨天尤人。所以企业领导者不仅要带头创新和变革,更要将这种思想贯彻到每个职工心中。(2)创新和变革要结合实际。每个企业在发展过程中都有各自的优势和劣势,如果不问青红皂白,去效仿,去照搬,无异于邯郸学步,学来学去都不成功,原因就是条件不一样基础不一样,结果当然不一样。我们可以学习,但我们要在发挥自己优势的前提下学习,在继承的基础上创新和变革,才会收到好的效果。(3)要有一个研究企业的创新和变革及战略发展的部门。每年要给他们提出课题,而且要有实际成果,拿出切实可行的方案,最终让同行的企业都来学习我们的经验。有谁不愿意在这样有发展潜力的企业中长久留下来呢。

五、营造和谐环境温暖人才

任何一个员工都不愿意在一个死气沉沉的企业长期工作。就拿最容易做到的一种方式"谈心"来说吧,它是最直接、最具亲和力的与员工进行沟通的方式,也是我党思想政治工作的一大优势的体现,投入不大效果很好,实在是一本万利的事。比如英国英格拉姆计算机批发公司董事长有一部专用的800主叫免费电话,供公司13 000多名员工直接同他联系、交流。有句古语"良药苦口利于病,忠言逆耳利于行",作为企业领导能够经常听到员工反映企业的问题,听到职工真实心声,应该是件好事,因为他在关心着企业的发展。如果没有人去反映问题,时间久了,那就是在真空状态下管理,会是什么结果,可想而知了。当然良性小环境包括许多因素:领导处事公正,人际关系融洽,文体活动活跃,合理化建议采纳,优秀的企业文化,在总收入有限情况下真正体现多劳多得等等。总之只要创造一个"爱"的气氛,一个"美"的环境,真正把企业办成"员工之家"。形成一种团队精神,从而激励着每个职工自强不息,进而对企业产生信赖感、归宿感和主人翁责任感,以企业为家,关心集体、热爱集体、效力集体。

企业能否对社会做出贡献,对员工真正负责,使企业持续发展,关键在人。只要我们企业真正做到尊重人、关心人、爱护人,为他们的发展营造和谐的环境,就能真正留住我们所需要的人才。谁占领了人才高地,谁就能占据事业的制高点,就能在激烈的市场的竞争中立于不败之地,就能在发展的道路上先拔头筹。

模块化工厂的建造与安装

王清训[1]，高 杰[2]，陈前银[2]

(1.中国机械工业建设集团有限公司，北京 100045；2.中国机械工业机械工程有限公司，北京 100045)

摘 要：本文结合国外某镍冶炼工厂的模块化建设的工程实例，分析和介绍了模块化工厂的建造与安装的先进技术和应用前景，对推广模块化工厂建设工程技术和管理有着积极的意义。

关键词：模块化工厂，异地建造，现场安装

1 前言

在现代化的造船工业中，按照分段管理方式制造船体，进而在大型船台进行总装的建造技术已经非常成熟。而将工业设备以模块化的形式在制造厂进行成套制造，以方便现场的安装，在现今的工厂建设中已经广泛应用，如热能机组、气体发生装置等。上述这些都是基于模块化建设的方案原理发展而来的应用实例。

而随着世界经济的飞速发展，现代社会和人类对能源和资源的需求催生了大量地处不发达地区的工业建设项目，于是模块化工厂建设的思路应运而生：利用模块化制造的原理，将工厂分解为集成了多种系统功能的大型模块，进行工厂化的异地建造，并运输到现场安装，进而连接组成工艺复杂、功能齐备的现代化工厂。由我公司承担建设的康奈博(Koniambo)镍冶炼厂项目就是世界上第一个采用模块化建造的集成冶炼工厂。

2 工程概况

康奈博镍冶炼厂是世界上首例采用异地建造模块，并将模块通过海运到现场进行现场安装和系统调试这种建设形式的集成冶炼工厂。

康奈博镍冶炼厂项目需要进行 17 个钢结构模块的建造和现场安装，各模块分别完成冶炼厂的电炉供电、电炉送料、还原、分离、输料、矿粉缓冲、研磨/

干燥等功能，这些模块制造完成后，由中国青岛船运到大洋洲的新喀里多尼亚岛的海边厂区进行安装、连接和调试，形成一个精炼镍产能 60 000t/年的大型冶炼厂。这些构成冶炼厂主工艺线的模块单个重量为 2 200t~5 000t，总重量则超过 50 000t。

我公司是康奈博镍冶炼厂项目模块建造和安装的主要承包商，负责 17 个模块的结构制造、现场模块的组装连接及设备安装、管道安装、电气仪表等专业安装集成等主要工作内容。图 1 为康奈博镍冶炼厂的模型示意。

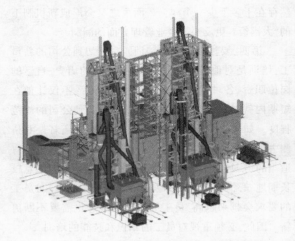

图1 康奈博镍冶炼厂3D模型

3 模块化工厂建设的原理

模块化工厂建设的原理是：模块化设计+异地建造+现场安装=工厂建设。模块化的设计是指兼顾功

能和工艺的模块单元划分和深化设计，是模块化建造和安装实施的前提和规划；模块化的建造是模块单元的集成化制造，可充分利用工厂的设备和场地资源及管理优势，提高制造质量、缩短制造周期、节约制造成本；模块化的现场安装可减少安装现场对人力、材料等各种资源的依赖和需求，同时在质量保证、缩短周期和降低成本方面与传统的分散流程式的现场安装有着不可比拟的优势。

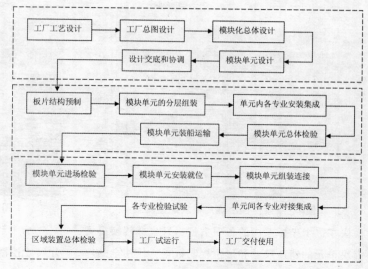

图2　模块化工厂建设的流程

4　模块化工厂建设的流程

图2为模块化工厂建设的流程。

5　模块化工厂建设的技术要点

我公司在承担康奈博炼镍工程的前期和实施过程中，与国际著名的工程承包商德西尼布（Technip）和海兹（Hatch）合作协同，对模块化工厂建设的关键技术做了研究和总结，主要有以下方面：

5.1　模块单元的规划和设计

模块单元的规划和设计对模块化工厂的建设的成功实施起着至关重要的作用，主要包括兼顾功能和工艺的模块单元划分和深化设计。模块的设计规划既要考虑工厂功能的独立性和连续性，还要兼顾考量建造和安装工艺的可行性，又要顾及资源和成本因素，因而其本身就是一个庞大的系统工程。康奈博炼镍工程冶炼塔经过反复计算和推演，分成了6个独立又相互关联的模块：旋风分离模块（M105）、煅烧还原模块（M104）、电炉喂料模块（M103）、电炉供电模块（M101和M102）、电炉模块（A101）。其规划和设计如图3所示。

这些模块功能相对独立，结构互相关联，平均重量达2 500t，经过细致的内部深化设计后，在中国青岛建造完成，后漂洋过海运到南太平洋的新喀里多尼亚岛，在工厂所在地使用大型液压运输和提升设备进行安装，组成了高度达120m的主冶炼塔，体现

了高超的规划和设计水准。

5.2　模块整体和局部误差的控制

模块建造和安装过程中，对模块的整体和局部误差尺寸和形位误差的测量控制尤其重要。这是因为不仅工厂的工艺本身要求装置的尺寸和形位误差，而且模块化建造和安装的对接工艺也对模块的误差提出了更高的要求。

从局部来说，模块单元的节点误差要求在3mm以内，单元整体的尺寸误差要求在6mm以内，对接后形成的装置的各项误差也远远超过了现行国家规范《钢结构工程施工质量验收规范》GB50205的要求。

整体和局部误差尺寸和形位误差的测量控制借助于高精度的激光全站仪进行。对模块建造和安装均使用统一坐标系进行尺寸和形位误差控制，每个

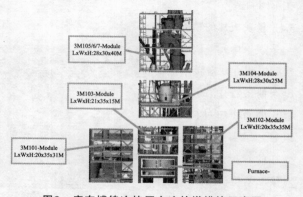

图3　康奈博镍冶炼厂主冶炼塔模块示意图

图4　康奈博镍冶炼厂模块建造场景

图5　康奈博镍冶炼厂模块板片制造

模块在这个坐标系内的各项数据通过坐标转换得到模块单元的建造尺寸和形位控制数据，使用全站仪进行测量和监控，从而保证模块单元整体和局部误差数值符合设计要求，当然模块单元的结构层间、模块与模块之间的对接误差也是通过坐标数据来进行控制的。图4为模块单元建造的场景。

5.3　模块制造焊接与变形控制

模块建造场地由于运输问题要邻近海岸，空气潮湿，大风天气频繁，焊接条件恶劣，焊接工作量又大，故需采用适宜的焊接工艺，严格焊接工艺纪律，并采取措施稳定和提高焊接的合格率。

模块建造的焊接量大，焊接作业密集，源自焊接收缩的尺寸和形位偏差的控制一直是模块建造的难点。我们通过计算和预留焊缝收缩量、严格控制坡口尺寸、尽量采用适宜的焊接方法控制焊接线能量、严格按照一定的焊接顺序施焊等措施抑制焊接变形，保证模块整体的尺寸和形位偏差。图5为模块板片在车间制造。

5.4　模块板片的精确对接

模块单元一般由板片结构和层间立柱对接形成。在康奈博工程中，最大的模块板片的面积超过1 500m²，每组装一层需要解决20多根立柱的对接，其尺寸控制和对接工艺是模块建造的重点和难点。

为了解决立柱的精确对接难题，我们细化了板片尺寸控制工艺方法（包括下料和焊接），提出了均分节点误差的控制办法，通过严格控制焊接变形，确保节点偏差在要求范围内，不形成大的累积误差。同时使用激光全站仪精确测量定位下层立柱节点，其数据作为上层立柱节点的偏差方向的参考，以求层层匹配。这样很好地解决了模块甲板组装多立柱精确对接和模块间对接的问题。当然，对接装具也很重要，我们设计了专用的对接工艺装具，使用这样的工艺装具能够得心应手地进行模块层间和块间的对接调整。

图6为构成模块的板片组装和立柱节点对接（装具）图示。

5.5　模块运输方式和变形防腐控制

鉴于模块的重量重、体积大和高度高的特点，其陆上运输必须使用专用的液压平板运输车（SPMT）进行，在本工程中我们使用德国产KAMAG多轴组合式液压平板运输车，最大的模块我们使用了350轴的组合（单轴额定承重200kN）进行平面运输和装船。

图6　模块板片组装（左）和模块板片立柱节点对接图（右）

模块的海上运输须使用专用的大型平板运输船进行，可委托国内外有实力和经验的海运公司实施。

模块在海上运输的周期长，海上风浪大，气候恶劣多变，所以必须采取有效的措施防止模块在海运过程中的变形、移位和腐蚀。对于模块的变形和移位，船上须采取稳妥的固定绑扎方式；为避免模块受海水和潮湿空气引起腐蚀，还要对模块表面及内部的结构和设施进行防腐处理，如油漆、涂油和喷蜡防护等。图7为模块陆运和海运场景。

图7　康奈博镍冶炼厂模块陆运(左)和海运(右)场景

5.6　模块现场大型吊装作业

由于模块的重量重(数千吨级)、体积大(数万立方)、高度高(数十米高)，其现场安装就位极为困难，一般情况下必须采用特殊的吊装就位方式进行，且要确保万无一失。在康奈博工程中，模块安装时采用全液压垂直提(举)升后水平移位的吊装就位方式，其吊装的难度和风险极大，并需要有专用的起重装备。研究方案的安全性、可操作性，研制起重作业专用装置、细化具体实施方案均需承包商大量的工作。图8为模块现场吊装作业场景。

图8　康奈博镍冶炼厂模块现场垂直提(举)升和水平移位场景

6　模块化工厂建设对EPC承包商的要求

(1)具有大型工厂装置的设计能力和经验，注重模块化设计理念，有较强的设计深化、优化和设计协调能力；

(2)具有模块化工厂建设方面的施工技术实力

和实践经验，如大型钢结构制造、焊接、大型设备和构件起重和组对等；

(3)具有较强的大型工厂建设工程质量控制、安全控制和物流资源管理等方面的能力和实力。

7　模块化工厂建设的前景

正如前面提到的，康奈博镍冶炼厂项目的建设已经影响到了世界各地沿海矿山冶炼厂的建造模式，这是在环境恶劣、资源贫乏的地区(如海岛、山区)进行工厂建设的一条好的思路。这种建设模式也将会被越来越多的业主和投资者应用，市场前景非常广阔。例如：与康奈博镍冶炼厂工程类似的一个模块化炼铁厂的模块已经在我国的上海开始建造；康奈博镍矿的业主超达镍(Xstrata Nickel)也已启动另一个位于坦桑尼亚的模块化镍冶炼厂的建设计划；而美国雪佛龙石油在澳大利亚珀斯投资的浅海油气开采工程的大型管廊模块化工程也已经在中国青岛某工程公司场地内开工。

8　结　语

模块化工厂建设的实质是异地建造和现场安装，包含有模块化设计、模块建造尺寸控制、模块板片组装焊接、模块陆运和海运、模块现场安装对接等多项复杂的技术内容。而建设模块化的工厂对EPC承包商在技术层面提出了很高的要求，同时随着世界经济的发展和中国工程承包市场的兴起，将会有越来越多的模块化工厂建设项目在中国实施，所以研究和掌握模块化工厂建设和安装技术，对希望立足国内、走出国门的工程承包商来说有着非常重要的意义。🄪

穿线钢管接头的新型连接技术

魏 勇，肖应乐

（大连阿尔滨集团有限公司，辽宁 大连 116100）

摘 要：利用防腐薄钢板裹紧相邻的两根穿线钢管的接头，通过密封压板密封住接头，以提高相邻穿线钢管接头处密封效果及相邻穿线钢管间导电性，能形成一个整体的导体，可省去做跨接接地线工序，同时也节省了人工、能源、设备及作业空间。

关键词：穿线钢管接头，新型连接技术

1 技术背景

在建筑电气施工中，现行的穿线钢管接头处理方式有以下几方面局限性：一、以丝扣的方式连接，需事先将管节内壁及穿线钢管头外壁攻丝，需要耗费一定量的人工、能源，占用设备；二、以螺丝侧向顶紧的方式连接，接头处容易产生缝隙，密封效果差，尤其当预埋在混凝土中时，在浇筑混凝土过程中容易使管中渗入杂物；三、以焊接方式时，需要一定的作业面，而且接头靠近底部混凝土一侧难以施焊，导致接头密封效果差；四、为了及时排除穿线钢管上的静电荷、雷电等原因产生的感应电荷，或是穿线钢管内电线漏电时传导的电荷，采用丝扣或螺丝侧向顶紧方式的接头需要在接头两侧做跨接接地线，也就是用两个铁卡子分别卡在接头两端的钢管上，再用导线将铁卡子连接上，然后接地，这也需耗费一定量的人工、材料、钢材。更主要的是，很多因素或环节会导致铁卡子与钢管外壁接触不良或接触面积过小，使得导电效果大大降低。

不仅如此，由于穿线钢管接头数量众多，而且为隐蔽工程，当工程交工投入使用时，一旦出现钢管接头质量问题，只能把接头处混凝土及其表面附属的找平层及装饰、装修层破坏，对钢管接头处进行重新处理，然后再将破坏处进行还原。这不但给施工单位或用户带来麻烦、造成不必要的经济损失，而且严重影响到施工单位的声誉，给施工单位带来消极的负面影响。

针对上述问题，本文提出了一种穿线钢管接头的新型连接技术。

2 技术特征

本技术适用于建筑电气施工中穿线钢管接头的连接，其特征是：防腐薄钢板一端安装有固定片，固定片一侧留出的防腐薄钢板端头部分作为密封压板，防腐薄钢板另一端弯出一段也作为固定片，固定片上有螺栓孔，螺栓通过两张固定片上的孔使防腐薄钢板闭合。为了使闭合更加紧密，固定片的上下两侧加有钢垫圈(图1)。

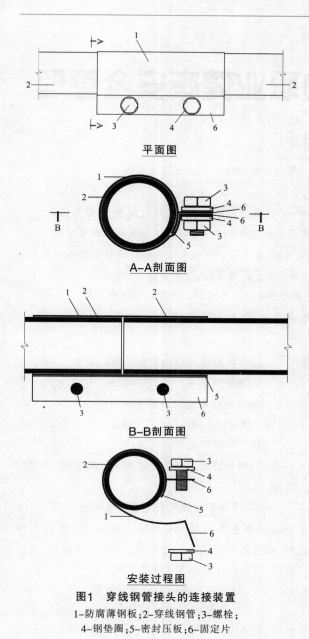

平面图

A-A剖面图

B-B剖面图

安装过程图

图1 穿线钢管接头的连接装置
1-防腐薄钢板;2-穿线钢管;3-螺栓;
4-钢垫圈;5-密封压板;6-固定片

3 技术原理

通过拧紧螺栓及钢垫圈,使防腐薄钢板裹紧相邻的两根穿线钢管的接头。由于拧紧螺栓所需要的作业空间很小,且操作过程简单,可有效降低施工成本;并且,拧紧螺栓可以有效保证防腐薄钢板表面与两侧的穿线钢管表面紧密接触,使得相邻穿线钢管间的导电性大大增强,能形成一个整体的导体,可省去做跨接接地线工序;通过密封压板密封住接头,使

得相邻穿线钢管接头处密封效果好,避免了杂物混入穿线钢管内。

4 技术实施

由图1可知,在穿线钢管铺设完成后,将防腐薄钢板包裹在相邻穿线钢管接头处,并使密封压板被压在防腐薄钢板里面,然后将螺栓穿过垫在固定片两边的一对钢垫圈及防腐薄钢板后拧紧,使得防腐薄钢板紧紧包裹住相邻穿线钢管接头,以保证穿线钢管接头处严密,并使相邻穿线钢管导电良好。

需要注意以下几点:

(1)在实施前,要仔细检查并确保接头两侧穿线钢管内无杂物,且所穿导线位置及数量正确。

(2)所使用的防腐薄钢板强度不小于穿线钢管强度,且在整个实施过程中,不要使薄钢板防腐层因被尖锐物划刮而遭到破坏。

(3)通过拧紧螺栓及钢垫圈使防腐薄钢板裹紧相邻的两根穿线钢管的接头,确保薄钢板表面与穿线钢管表面紧密接触。

(4)防腐薄钢板与每段穿线钢管最佳搭接长度为钢管直径的1.5倍,这也是比较经济的搭接长度,即钢板的长度为钢管直径的3倍。如果搭接长度过大,则浪费材料;过小,则连接不够坚固,接头施工质量不好。

(5)防腐薄钢板的有效宽度(与钢管外壁直接接触部分宽度,不计密封压板宽度)与该钢管断面圆环外周长相等,通过拧紧螺栓,压紧密封压板,保证穿线钢管接头密封,密封压板的宽度以密封压板与防腐薄钢板另一端的搭接长度不得小于10mm为准,过小则密封效果不好;过大则浪费材料。

5 结束语

此技术操作简单、巧妙,穿线钢筋接头密封效果好,能够避免杂物进入线管内,确保穿线钢管形成一体的良性导体,免去了做跨接接地线工序,在保证施工质量的同时,大大节省了人力、物力和施工时间,显著降低施工成本。

PQ送电工程项目的职业健康安全管理

顾慰慈

（华北电力大学，北京 102206）

摘　要：PQ工程项目是一项220kV的送电工程，沿线地形、地质和环境条件都比较复杂，地形起伏大，要跨越大山、河谷、高压线、公路，要穿越森林，为了能顺利地完成施工任务，PQ工程在施工时首先建立了职业健康安全管理体系，确定了职业健康安全管理目标，建立了职业健康安全管理责任制和各种安全生产管理制度，开展了一系列安全生产管理活动，如安全生产教育培训、安全检查、项目的危险源辨识和风险控制、安全管理工作评价等，确保了职业健康安全目标的实现和工程顺利的按期完成。

关键词：职业健康安全管理，危险源辨识，风险分析，风险控制，安全评价

PQ工程是一项220kV的送电工程，全长56km，沿线地形地质和环境条件比较复杂，在该工程项目施工过程中采取了下述安全管理措施和方法，确保了工程项目的顺利完成。

一、企业

（一）建立职业健康安全管理体系

1.制定职业健康安全方针

本企业的职业健康安全方针是：健康至上，安全第一，预防为主，建立有效的安全生产责任制、安全教育培训和安全检查制度，创立一个健康安全的工作环境，保障全体员工的职业健康安全。

2.建立职业健康安全管理组织机构及确定各部门的职能

3.制定职业健康安全目标

本企业的职业健康安全目标是：实现无重大伤害、伤亡事故。

4.制定职业健康安全管理方案

职业健康安全管理方案的内容包括：

（1）职业健康安全目标和指标；

（2）实现职业健康安全目标和指标的方法、步骤和措施；

（3）实现职业健康安全目标和指标的时间表；

（4）各职能部门和相关责任人的职责；

（5）财务预算表。

5.职业健康安全管理体系文件的编制

（1）确定职业健康安全管理体系文件的层次结构；

（2）确定程序文件的范围；

（3）职业健康安全管理体系文件的编写、审定与批准。

（二）建立职业健康安全管理责任制

建立企业各部门和各级人员的安全生产责任制，明确各级人员的安全责任。抓好制度落实、责任落实，定期检查安全责任落实情况。

（三）建立各种安全生产规章制度

安全生产管理制度根据国家法律、行政法规来制定，是企业全体员工在生产经营活动中必须贯彻执行的，通过建立安全生产管理制度，可以将企业全体员工组织起来，共同围绕安全目标进行生产建设。建立的安全生产制度包括：

1.安全生产责任制度

2.职业健康安全措施计划制度

职业健康安全措施计划制度是职业健康安全管理制度的一个重要组成部分，是企业有计划地改善劳动条件和健康安全设施，防止工伤事故和职业病的重要措施之一。

职业健康安全措施计划的范围包括：

(1)安全技术措施

1)防护装置；

2)保险装置；

3)信号装置；

4)防爆炸设施。

(2)职业健康措施

1)防尘措施；

2)防毒措施；

3)防噪声措施；

4)照明措施；

5)取暖措施；

6)降温措施。

(3)辅助设施

为保证生产过程健康安全的一切辅助设施。

(4)职业健康安全宣传教育措施

1)职业健康安全教材、图书、资料；

2)职业健康安全展览；

3)职业健康安全板报。

职业健康安全措施计划的主要内容包括：

(1)单位名称；

(2)措施名称；

(3)措施内容和目的；

(4)经费预算及其来源；

(5)施工单位或负责人；

(6)开工日期及竣工日期；

(7)措施执行情况及其效果。

3.职业健康安全教育培训制度

企业员工的职业健康安全教育包括：

(1)管理人员的职业健康安全教育。主要是针对企业法定代表人、经理和其他领导人的职业健康安全教育，内容包括：

1)国家有关职业健康安全的方针、政策、法律、法规及有关规章制度；

2)工伤保险法律、法规，安全生产管理职责、企业职业健康安全管理知识及安全文化；

3)有关事故案例及事故应急处理措施。

(2)技术人员的职业健康安全教育。主要内容包括：

1)职业健康安全方针、政策和法律、法规；

2)职业健康安全技术知识；

3)本职的安全生产责任制。

(3)行政管理人员的职业健康安全教育。主要内容包括：

1)职业健康安全方针、政策和法律、法规；

2)职业健康安全技术知识；

3)本职的安全生产责任制。

(4)企业职业健康安全管理人员教育。主要内容包括：

1)国家有关职业健康安全的方针、政策、法律、法规和职业健康安全标准；

2)企业安全生产管理、安全技术、职业健康知识、安全文件；

3)工伤保险法律、法规；

4)职工伤亡事故和职业病统计报告及调查处理程序；

5)有关事故案例及事故应急处理措施。

(5)班组长和安全员的职业健康安全教育。主要内容包括：

1)职业健康安全法律、法规；

2)安全技术、职业健康和安全文化的知识；

3)本企业、本班组和一些岗位的危险因素和安全注意事项；

4)本岗位安全生产责任制；

5)典型事故案例及事故抢救与应急处理措施。

职业健康安全教育的类型分为三类，即新员工上岗前的三级教育、改变工艺和变换岗位教育和经常性教育。

(1)新员工上岗前教育。企业新员工上岗前要进行企业、施工队、班组三级安全教育。

1)企业安全教育。由企业主管经理负责，企业职业健康安全管理部门会同有关部门组织实施，内容主要包括：

①职业健康安全法律、法规；

②通用安全技术、职业健康和安全文化的基本知识；

③本企业职业健康安全规章制度和职业健康安全状况；

④本企业的劳动纪律;

⑤有关安全事故案例。

2)施工队安全教育。由施工队负责人组织实施,施工队专职或兼职安全员协助,内容主要包括:

①本施工队的概况,职业健康安全状况;

②本施工队有关的安全规章制度;

③主要危险因素和安全注意事项;

④预防工伤事故和职业病的主要措施;

⑤典型安全事故及事故应急处理措施。

3)班组安全教育。由班组长组织实施,内容主要包括:

①遵守规章制度,遵守劳动纪律;

②岗位安全操作规程;

③岗位间工作衔接配合的职业健康安全事项;

④典型安全事故及发生事故后应采取的紧急措施;

⑤劳动防护用品的性能及正确使用方法。

(2)改变工艺和变换岗位教育

1)当企业采用新工艺、新技术或使用新设备、新材料时,要对有关人员进行相应的有针对性的安全教育,使其了解新工艺、新技术、新设备、新材料的安全性能和安全技术,并要按新的操作规程教育和培训参加操作的岗位工人和有关人员。

2)当组织内部员工由一个岗位调到另一个岗位,或某一工种改变为另一个工种,或因放长假离岗一年以上重新上岗时,要对其进行相应的安全技术教育和培训,以使其掌握现在岗位的安全生产特点和要求。

(3)经常性教育

职业健康安全教育不可能一劳永逸,因此必须坚持不懈、经常地进行下去,重点是进行安全思想、安全态度的教育,要采取多种多样的形式和活动,以激发员工搞好安全生产的热情。经常性安全教育的形式通常有:

1)每天的班前班后会上讲述安全生产情况;

2)开展安全活动日;

3)事故现场会;

4)张贴安全生产宣传画、宣传标语及标志;

5)组织先进事迹参观、报告和展览。

4.职业健康安全检查制度

职业健康安全检查是对企业贯彻安全生产方针、政策、法律、法规情况,安全生产状况,劳动条件,事故隐患等进行的检查,它是发现不安全行为和不安全状态的重要途径,是改善劳动条件、消除事故隐患、防止事故伤害、落实整改措施的重要方法。

职业健康安全检查分日常性检查、专业性检查、季节性检查、节假日前后检查和不定期检查。

1)日常性检查。又称为经常性检查或普遍检查,通常是定期内有目的、有组织地进行,企业每年进行1~2次,施工队、科室每月一次,班组每周、每班次都进行检查。

2)专业性检查。专业性检查是针对特种作业、特种设备、特殊场所进行的检查。

3)季节性检查。根据季节特点为保证安全生产所进行的检查,春季着重防火、防爆;夏季着重防水降温、防汛、防雷击、防触电;冬季着重防寒、防冻等。

4)节假日前后检查。节日前进行安全生产综合检查,节日后进行遵章守纪检查。

5)不定期检查。不定期检查是在工程开工或停工前、工程竣工及试运行时进行的安全检查。

职业健康安全检查要成立由第一负责人为首,业务部门和有关人员参加的安全检查组,做到有计划、有目的、有准备、有整改、有总结、有处理。

(1)职业健康安全检查的内容。主要包括:

1)查思想。主要检查企业领导和职工对安全生产工作的认识;

2)查管理。主要查工程安全生产管理是否有效;

3)查隐患。主要查工作现场是否符合安全生产、文明生产的要求;

4)查事故处理。主要查对安全事故处理是否达到事故原因调查清楚,事故责任明确并对事故责任者作出处理,是否明确和落实整改措施。

(2)职业健康安全检查的方法

职业健康安全检查可用一般检查方法或检查表法进行。

1)一般检查方法。采用看、听、嗅、问、查、测、验、析等方法。

①看:看现场环境和作业条件,看实物和实际操作,看记录和资料等。

②听:听汇报、听介绍、听反映、听意见或批评、听机械设备运转响声或重物发出的微弱声音等。

③嗅:通过嗅觉来辨别挥发物、腐蚀物、有毒气体等。

④问:通过详细询问,查找影响安全的问题。

⑤查:查阅资料、查对数据、查明原因、查清问题、追查责任。

⑥测:测量、测试、监测。

⑦验:进行试验、化验。

⑧析:分析事故的原因和存在的隐患。

2)安全检查表法。通过事先拟定的安全检查表对安全生产进行初步分析和诊断。安全检查表的内容一般包括:

①检查项目;

②检查内容;

③回答问题;

④存在问题;

⑤改进措施;

⑥检查措施;

⑦检查人;

⑧检查日期。

安全检查结束后要编写安全检查报告,并上报有关部门。

5.安全技术措施制度

安全技术是指改善生产工艺,改进生产设备,控制和消除危险因素,实现安全生产的技术措施和方法。通常包括预防伤亡事故的工程技术和安全技术规范、技术规定、标准、条例等,以规范人的行为、物的状态,减轻或消除对人的威胁和伤害。

6.伤亡事故的调查处理制度

(1)事故发生后要实事求是地按照规定和要求立即上报有关部门,不隐瞒、不虚报。报告的内容包括:

1)事故发生的时间、地点、单位;

2)事故的简要经过、伤亡人数,直接经济损失和初步估计;

3)事故原因的初步判断;

4)事故发生后采取的措施和事故控制情况;

5)事故报告单位。

(2)积极抢救受伤人员,同事保护好事故现场,

以利于事故原因的调查。

(3)组织事故调查组,对事故进行调查。

1)查明人员伤亡和财产损失情况;

2)查明事故的性质和责任;

3)提出事故处理及防止类似事故再次发生所应采取措施的建议;

4)提出事故责任者的建议;

5)检查控制事故的应急措施是否得当和落实;

6)写出事故调查报告。

(4)分析事故及其发生过程,找出造成事故的人、物、环境状态方面的原因;

(5)以事故为例,召开事故分析会进行安全教育;

(6)采取措施预防类似事故重复发生,并组织整改,经过验收,证明危险因素已经完全消除后,再恢复施工作业。

7.机械设备安全检修制度

8.防护用品施工管理制度

9.文明施工制度

10.健康安全评价制度

(四)编制职业健康安全管理方案

职业健康安全管理方案是实现职业健康安全目标的实施计划,一是规定责任,二是规定实现目标的方法和时间表,其中包括责任落实、资源配置落实、技术措施落实,完成的具体时间。

职业健康安全管理方案的内容包括:

(1)总计划和目标;

(2)各级管理部门的职责和指标要求;

(3)实施方案;

(4)详细的行动计划、时间表和方法;

(5)方案形成过程的评审和方案执行中的控制;

(6)项目文件的记录方法。

(五)职业健康安全管理方案的实施

按职业健康安全管理方案逐步实施,其中包括:

(1)确立机构和落实职责;

(2)开展职业健康安全教育培训、安全检查和监测;

(3)进行沟通和协商;

(4)文件和资料控制;

(5)进行运行控制。

(六)进行职业健康安全管理工作评价

对企业的职业健康安全管理工作评价,就是对企业的职业健康安全管理状况进行评价,目的在于搞清楚企业职业健康安全工作的现状,即实施改进措施后达到的水平,找出存在的问题,主要是管理工作方面的缺陷,从而为进一步改进职业健康安全管理工作提供依据。

职业健康安全管理工作评价,一般包括评价实现既定目标的情况和客观评价企业的安全水平两个方面。

在进行职业健康安全管理工作评价时,首先要选定被评价的项目(即评价内容)和评价基准,评价项目应容易被考察和衡量,以便量化;评价的基准以及尺度应一致,以便相互比较。评价方法应简单易行,便于应用。

在 PQ 工程中,职业健康安全管理工作评价采用了下列综合评价方法,被评价项目包括 7 个方面,即:

(1)领导的安全意识及对安全的管理;

(2)安全职能部门的工作能力;

(3)工人素质;

(4)机械设备安全性;

(5)环境的安全性;

(6)年度工伤事故情况;

(7)企业在同行业中按工艺、机械化、自动化方面比较时的相对安全性。

评价方法见表1、表2。

被评价项目的等级和等级值　　　表1

被评价项目	等级及等级值					
领导安全意识	等级	好	较好	一般	较差	差
	等级值	9	7	5	3	1
安全职能部门工作能力	等级	好	较好	一般	较差	差
	等级值	9	7	5	3	1
工人素质	等级	好	较好	一般	较差	差
	等级值	9	7	5	3	1
机械设备安全性	等级	好	较好	一般	较差	差
	等级值	9	7	5	3	1
环境的安全性	等级	好	较好	一般	较差	差
	等级值	9	7	5	3	1
年度工伤事故情况	等级	好	较好	一般	较差	差
	等级值	9	7	5	3	1

相对安全性项目的等级和等级值　　　表2

被评价项目	相对安全性				
等级	好	较好	一般	较差	差
等级值	1.1	1.05	1.0	0.95	0.9

根据企业的具体情况对上述七个被评价项目确定其相应的等级(等级值)后,代入下列公式,计算出企业(或项目经理部)的综合安全指数 K:

$$K=0.6G\sqrt{1/3AB(C+D+E)}+(1-0.6G)F \qquad (1)$$

式中:A——领导安全意识等级数,它反映领导安全意识强弱,对安全的关心程度,贯彻安全生产责任和安全生产制度的情况;

B——安全职能部门工作能力等级数,它反映安全职能部门人员配置、职责分工、工作情况,计划和制度的执行情况,推行现代安全管理的情况等;

C——工人素质等级数,它反映工人遵章守纪、技术操作熟练程度、班组安全活动等情况;

D——机械设备安全性等级数,它反映机械设备的完好程度,机械设备的运行、管理和维修保养情况;

E——环境安全性等级数,它反映施工现场的生产环境、场地和组织管理情况;

F——年度工伤事故情况等级数,它反映工伤事故平均值、工伤事故指标值等情况;

G——相对安全性等级数,它反映企业在同行业中按工艺、机械化、自动化等方面相比较时的安全性;

K——综合安全性指数,其值一般在 1~9 之间,K 值越大,企业(或项目经理部)的安全性愈高。

根据公式(1)计算得到综合安全性指数 K 之后,即可按 K 值查表 3,确定企业(或项目经理部)的安全等级。

综合安全性指数 K 及其相应的安全等级　　　表3

综合安全性指数 K	安全等级	安全性状况	相应对策
8~9	1	安全	—
7~7.99	2	较安全	—
5~6.99	3	一般	应适当提高安全管理水平
3~4.99	4	较不安全	应全面加强安全管理工作
<3	5	极不安全	停产整顿

（七）职业健康安全管理体系内部审核

1.职业健康安全管理体系内部审核的目的

（1）通过审核企业和项目经理部的安全活动是否符合职业健康安全管理体系文件有关规定的要求，以确定职业健康安全管理体系的有效性。

（2）通过审核企业和项目经理部的安全管理活动和施工现场和安全管理现状，判别安全管理是否受控，评价职业健康安全管理体系文件的适宜性。

（3）评价是否达到了规定的健康安全目标和指标。

2.职业健康安全管理体系审核要求

（1）按计划要求实施职业健康安全管理体系审核，并予以记录。

（2）编写审核报告，并报送上级主管部门。

3.职业健康安全管理体系内部审核的依据

（1）职业健康安全管理体系标准。

（2）职业健康安全管理体系文件。

（3）有关职业健康安全管理体系的法律、法规和标准。

4.职业健康安全管理体系内部审核的步骤

（1）确定任务（策划）。

（2）审核准备：

1）编制审核计划；

2）确定审核人员；

3）确定审核范围和要求。

（3）现场审核。

（4）编写审核报告。

（5）纠正措施的跟踪。

（6）全面审核报告的编写和纠正措施计划完成情况的汇总。

5.职业健康安全管理体系审核报告的内容

（1）审核情况简述。

（2）存在的主要问题。

（3）存在问题的原因分析，纠正和预防措施。

（4）对纠正和预防措施实施效果的验证。

（八）职业健康安全管理评审

职业健康安全管理评审每年进行一次，由企业的最高管理者对职业健康安全现状进行系统的评价，以确定职业健康安全方针、职业健康安全管理体系和程序是否仍适合职业健康安全目标、职业健康

安全法规和变化了的内外部条件。

1.管理评审的内容

（1）职业健康安全方针的持续有效性。

（2）职业健康安全目标、指标的持续适宜性。

（3）职业健康安全目标、指标和职业健康安全绩效的实现程度。

（4）职业健康安全管理体系内部审核结果，内部审核报告提出的所有建议和纠正措施的实施情况。

（5）风险控制措施的适宜性，职业健康安全事故中吸取的教训。

（6）相关方关注的问题，内部、外部反馈的信息。

（7）是否需要对职业健康安全方针、计划、管理手册及有关文件进行相关修订。

2.管理评审的步骤

（1）制定评审计划。

（2）准备评审资料。

（3）召开评审会议。

（4）批发评审报告。

（5）报告存留（管理评审记录及报告归档，保存期至少三年）。

（6）评审后的要求

1）对评审发现的问题由管理者代表签发预防、纠正通知单；

2）责任部门组织调查分析产生不合格的原因，制定改进和纠正措施并组织实施。

3）主管部门组织职业健康安全改进和纠正措施实施结果验证，填写验证报告。

4）由原编制、审批部门办理改进和纠正措施所涉及的文件更改。

二、项目经理部

（一）建立项目安全生产责任制

项目经理部在组织施工生产的同时，要承担施工安全生产管理，实现施工安全生产的责任。为此项目部要建立和完善以项目经理为首的、各级人员参加的安全生产责任制度，明确各级人员的安全责任，有组织、有领导地开展安全管理活动，承担组织领导安全生产的责任制。

（1）项目经理是项目安全管理的第一责任人。

(2)建立项目各级职能部门、人员在各自的业务范围内,对实现安全生产要求负责的安全生产责任制度。

(3)定期检查安全责任落实情况。

(二)制定项目安全生产规章制度

结合企业的安全生产规章制度,制定相应的项目安全生产规章制度,主要包括:

1.安全生产责任制度

2.安全生产教育培训制度

(1)安全意识教育。提高员工对安全生产的认识,激励员工自觉实行安全操作。

(2)安全知识教育。使操作者了解和掌握生产操作过程中潜在的危险因素及其防范措施,一旦出现危险的自救措施。

(3)安全技能培训。使操作者掌握安全生产操作技能,减少和避免操作中的失误现象。

3.安全生产检查制度

(1)安全检查的形式

1)日常检查;

2)专业检查;

3)季节性检查。

(2)安全检查的形式。以自查为主,从项目经理部直至操作人员,生产全过程,全方位安全状况的检查。

(3)安全检查的内容

1)查思想;

2)查管理;

3)查制度;

4)查现场;

5)查隐患;

6)查事故处理。

(4)安全检查的重点

1)劳动条件;

2)生产设备;

3)现场管理;

4)安全卫生设施;

5)生产人员的行为。

(5)安全检查的组织。成立由第一责任人为首,项目部各业务部门和相关人员参加的安全检查小组。

4.安全技术措施交底制度

(1)安全技术措施交底的基本要求:

1)安全技术交底应针对施工作业特点和危险点。

2)安全技术交底应具体、明确、有针对性。

3)坚持逐级进行安全技术交底。

4)工程开工前,应将工程概况、施工方法、安全技术措施等情况向工地负责人、工长、班长进行详细交底。

5)当两个以上工种配合施工时,应向有关施工班组进行交叉作业的安全书面交底。

6)工长安排班组长工作前,必须进行书面的安全技术交底。

7)班组长应每天向工人进行施工要求、工作环境等的书面安全交底。

8)各级书面安全技术交底应有交底时间、交底内容、交底人和接受交底人的签字。

9)保存交底记录。

(2)安全技术交底内容:

1)安全生产纪律和有关规定。

2)本施工项目的施工作业特点和危险点。

3)针对危险点的具体预防措施和应注意的安全事项。

4)有关的安全操作规程和标准。

5)本工程项目的安全防护标准。

6)一旦发生事故后应及时采取的避难和急救措施。

5.伤亡事故报告、调查、处理制度

(1)伤亡事故报告。伤亡事故发生后,负伤人员或最先发现事故的人应立即报告项目领导,项目安技人员根据事故的严重程度及现场情况立即报告上级业务系统,并及时填写伤亡事故表上报企业。

(2)伤亡事故调查。企业在接到事故报告后,经理、业务部门领导和有关人员立即赶赴事故现场组织抢救,并迅速组织调查组对事故进行调查。调查组的组成:

1)人员轻伤、重伤事故。由企业负责人或指定的人员组织施工生产、技术、安全、劳资、工会等部门有关人员组成调查组。

2)人员死亡事故。由企业主管部门会同现场所在地区的市(或区)劳动部门、公安部门、人民检察院、工会组成事故调查组。

3)重大死亡事故。按企业的隶属关系,由省、自治区、直辖市企业主管部门或国务院有关主管部门、公安、监察、检查部门、工会组成事故调查组。

伤亡事故的调查程序是:

1)迅速抢救伤员并保护好事故现场。

2)组织事故调查组。

3)进行现场勘察。勘察的主要内容有:

①现场笔录;

②现场拍照;

③现场绘图。

4)分析事故原因,确定事故性质。

5)制定防止类似事故再次发生的预防措施。

6)写出伤亡事故调查报告。

7)事故的审理和结案。

8)员工伤亡事故登记记录。

(3)伤亡事故处理。根据情节轻重和损失大小、谁有责任、主要责任、次要责任、重要责任、一般责任还是领导责任等,按规定给予处分。伤亡事故处理工作应在90日内结案。

6.机械设备安全检修制度

7.易燃、易爆、有毒物品管理制度

8.特种作业人员管理制度

9.防护用品使用与管理制度

10.职业健康安全工作例会制度

11.安全活动日、安全工作票制度

12.施工停电作业安全规定

13.职业健康安全管理评价制度

(三)项目职业健康安全教育

结合企业的职业健康安全教育培训计划,编制项目的职业健康安全教育计划,并认真执行。

(四)项目职业健康安全检查

结合企业的职业健康安全检查计划,编制项目的职业健康安全检查计划,并认真执行。

(五)项目危险源辨识、风险评价和风险控制

1.项目危险源辨识

危险源是指可能导致人员伤亡或物质损失等事故的潜在不安全因素,危险源辨识则是识别和判定其可能导致事故的可能性,导致事故的种类及其后果。

PQ工程的危险源辨识采用专家调查法,按施工项目的分项、分部工程的各工序逐项进行分析、辨识,确定危险源如下。

(1)安全意识差。普通工人队伍中大部分是民工,安全意识差,易出事故。

(2)违章违纪。长期野外工作,生活散漫,工作艰苦,易发生违规、违章现象。

(3)土石方爆破。爆破安全距离不够,进入爆区的时间过早和盲炮处理不当均可造成人身伤害。

(4)基面、基坑清理。在基面、基坑土石清理时易产生石块坍落,浮石滚落伤人。

(5)基面清障。砍伐树木时树木倾倒方向控制不当伤人。

(6)机械设备隐患。在施工中所使用的机械、工器具存在隐患将对施工人员造成伤害。

(7)线路交叉跨越。线路跨越公路、高压线时危险性大,易发生意外事故。

(8)附件安装。附件安装系高空作业,且跨越电力线,危险性较大,易产生人身伤害。

2.风险分析

风险分析是评估危险源带来的风险大小及确定风险是否允许的过程。

风险的大小用事故发生的可能性与发生事故后果严重程度的乘积来表示,即:

$$R = p \cdot f$$

式中:R——风险大小;

p——事故发生的概率;

f——事故后果的严重程度。

如果将事故发生的可能性分为三级,即事故发生的可能性很大、中等和极小;同样,将事故后果的严重程度也分为三级,即事故发生的后果是轻微损失、中度损失、重大损失,或事故发生的后果是轻微伤害、伤害、严重伤害,则风险的大小也可以用表4确定。

风险大小分级表			表4
事故后果的 严重程度	轻微损失 (轻微伤害)	中等损失 (伤害)	重大损失 (严重伤害)
事故发生的可能性	风险级别(风险大小)		
很大	Ⅲ	Ⅳ	Ⅴ
中等	Ⅱ	Ⅲ	Ⅳ
极小	Ⅰ	Ⅱ	Ⅲ

表4将风险的大小(即风险的级别)分为五级,即Ⅰ级、Ⅱ级、Ⅲ级、Ⅳ级、Ⅴ级。这五级风险分别代表:

(1)Ⅰ级风险为可忽略风险;

(2)Ⅱ级风险为可容许风险;

(3)Ⅲ级风险为中度风险;

(4)Ⅳ级风险为重大风险;

(5)Ⅴ级风险为不容许风险。

3.风险控制

风险控制是针对不同的危险源采取相应的安全技术措施以减少和消除事故的发生,保证人员的健康安全、财产的损失、施工的顺利进行。

(1)风险控制对策

1)对于可忽略风险,可以不采取任何控制措施;

2)对于可容许风险,可以不需要采取另外的控制措施,但应确保原有的安全技术措施得以切实实施;

3)对于中度风险,应努力降低风险,并在规定的时间期限内实施降低风险的措施;

4)对于重大风险,应采取相应的控制措施,直至风险降低后才能开始工作。

5)对于不容许风险,只有在风险已经降低时,才能开始继续工作。

(2)风险控制措施

PQ工程中根据上述不同的危险源采取了下列控制风险的安全技术措施:

1)安全意识差

①进行安全思想教育,提高安全思想意识;

②进行安全防护技术教育,提高自我安全防护能力;

③进行安全操作规程、安全操作技能培训;

④指定专人负责普通民工的安全管理;

⑤签订安全施工合同,明确安全责任。

2)违章违纪现象

①进行法律、法规、规章、制度教育;

②进行遵章、守纪教育,并以事故实例分析原因,吸取教训;

③进行安全操作规程、安全操作技能培训;

④做好职工的后勤保障,改善职工的生活、工作条件;

⑤落实安全生产责任制;

⑥对违章、违纪者罚,对安全、绩优者奖。

3)土石方爆破

①浅孔爆破的安全距离应不小于200m;裸露药包爆破的安全距离应不小于400m;在山坡上爆破时,下坡方向的安全距离应增大50%;

②无盲炮时,从最后一响算起5min后方可进入爆破区;有盲炮或炮数不清时,对火雷管必须经20min后方可进入爆破区检查;对电雷管必须先将电源切断并短路,待5min后方可进入爆破区检查;

③处理盲炮时,严谨从炮孔内掏取炸药和雷管。

4)基面、基坑清理

①人工清理、撬挖基面时应先清除上山坡浮动土石,再清除下山坡土石;

②严禁上、下山坡同时撬挖;

③土石滚落下方不得有人,并设有专人警戒;

④作业人员之间保持适当距离;

⑤人工开挖、清理基坑浮石时,应先鉴定土质,挖坑时坑上应设监护人;在扩孔范围内的地面上不得堆积土方;

⑥不用挡土板挖坑时,坑壁应留有适当坡度,坡度的大小应根据土质特性、地下水位和挖掘深度确定;

⑦作业人员不得在坑内休息。

5)基面清障

①砍树时应由专人负责,并设监护人;

②设置被砍树木倒下的安全范围,在安全范围内不得站人;

6)机械设备隐患

①机械设备、工器具采购时严格控制质量,保证是合格产品;

②施工机械、工器具在使用前必须进行产品性能和质量的检验、试验,鉴定合格后方可使用;

③做好施工机械的维修、保养工作和维修、保养记录;

④做好施工机械的运行记录;

⑤进行施工机械、工器具的定期检查。

7)线路交叉跨越

①对于重要的交叉跨越工程,事先要进行现场调查,制定切实可靠的安全技术方案;

②对于跨越重要的公路要做好交通管制工作,

防止发生往来车辆撞击人和越线架的事故;

③跨越电力线时应停电作业,并严格实行停电工作票制度,退出"自动重合闸"装置;

④跨越架的搭设要设专人监护和做好紧线前的检查;

⑤对于主要交叉跨越的施工,除认真做好主方案外,还要做好备用方案,以保证万无一失。

8)附件安装

①参加高处作业的人员应进行体格检查,经医生诊断患有不宜从事高处作业病症的人员不得参加高处作业;

②遇有六级以上大风或恶劣气候时,应停止高处作业;

③高处作业应正确佩戴和使用安全带和二道防护绳;

④高处作业人员应衣着灵便;

⑤关键部位施工时应设监护人;

⑥附件安装和导线调整处理工作前,所有位置均应检查安全接地是否接好。

4.安全技术措施实施和实施效果的检查。

(六)进行项目职业健康安全管理工作评价

评价方法与企业职业健康安全管理工作评价方法相同。

(七)项目职业健康安全管理工作整改

根据项目职业健康安全管理工作评价结果进行整改。

图1为PQ工程职业健康安全管理工作的程序图。

参考文献

[1]职业健康安全管理体系规范(GB/T28001-2001),北京:中国标准出版社,2001.

[2]企业职工伤亡事故分类(GB6441-1986),北京:中国标准出版社,1986.

[3]国家电力公司主编,质量安全环境管理体系概论[M].北京:中国电力出版社,2002.

[4]顾慰慈.工程项目职业健康安全与环境管理[M].北京:中国建材工业出版社,2007.

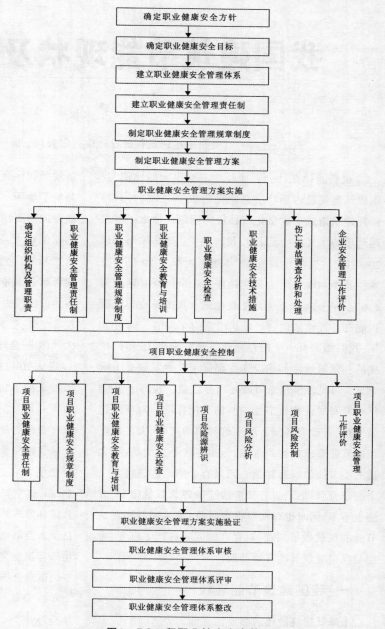

图1 PQ工程职业健康安全管理

我国建筑节能现状及对策思考

王林枫

（贵州中建建筑科研设计院有限公司，福州 550006）

建筑能耗在社会总能耗中占有很大的比例，我国建筑能耗已占到社会总能耗的 20%~25%，并且高能耗建筑造成了大量化石燃料的使用，带来了越来越严重的大气污染。目前，我国城乡建筑房屋每年以20%以上的速度迅速发展，年竣工面积为 20 亿平方米，其中 90%以上为高能耗建筑；全国既有建筑为436 亿 m^2，95%以上为高能耗建筑。我国单位建筑面积能耗是气候条件相近发达国家的 2~3 倍。到 2020年，我们国家有一半的存量建筑是在未来 15 年内建成的，建筑数量和建设速度都属于世界发展史上所罕见，可见开展建筑节能是当务之急。我国于 1995年末发布居住建筑节能 50%的节能标准，对新建建筑，由于有政府各级行政主管部门的监管，大多数建筑的节能要求能得到落实，但也存在不少问题；对大量的不节能的既有建筑，则只有个别地区进行了一定的研究和试点，进行节能改造的建筑数量很少，方法也不多，同时也存在着很多问题。本文对我国建筑节能的现状做了调查，对存在的问题进行了思考，希望对我国建筑节能有所帮助。

一、我国建筑节能现状

1.降低建筑能耗的必要性

能源是国民经济的血液和动力，关系到社会正常运行和发展、国家安全和生态环境，也涉及子孙后代的生存与发展。当前人类社会对能源的消耗主要发生在物质生产过程、交通运输过程和民用建筑。在发达国家中，这三大能耗大约各占社会总能耗的1/3。随着各国经济的发展、工业化程度和人民生活水平的提高，建筑能耗所占比重将越来越大。

20 世纪 70 年代，石油危机对石油进口国的经济发展和社会生活产生了极大的冲击，给发达国家敲响了能源供应的警钟，全世界都开始认识到节约能源的重要性。由于建筑能耗在社会总能耗中所占的比例重大，发达国家通过立法、科技开发、节能技术产品推广到能源管理以及采取科学普及等措施，在缓解建筑能耗供应紧张形势中发挥了重要作用。石油危机过去了，但国际战略能源供应的紧张局势并没有缓解，更为严重的是能源大量消耗造成了严重的大气污染，全球温室效应及生态环境正在迅速恶化。

从 20 世纪 80 年代初开始，由于限制建筑用能而带来的不良影响凸现出来，如建筑综合征、空气品质劣化等，对建筑节能的认识正从单纯的抑制需求向提高能量利用率发展转变。进入 90 年代以来，全球气候变暖再次引起人们的关注和反思。观测资料表明：在过去的年中，全球海平面上升了 10~25mm，这主要与全球平均温度升高有关。2007 年，联合国环境规划署宣布全球气候变暖，其原因 90%来自于人类活动。全球在工业化进程中，产生的二氧化碳等温室气体聚集在大气层中，阻挡了地球向太空的散热。若对温室气体不采取减排措施，未来几十年内全球平均气温每 10 年将升高 0.2℃，到 2100年全球平均气温将升高 1℃~3.5℃，这将危及人类的生存和发展。随着我国经济的快速发展和人口的增长，我国的能源消费量急剧上升，二氧化碳排放量也在快速增加。提倡节能减排是我国负有不可推卸的历史责任，也是我国建筑节能的基本目的。

建筑能耗在社会总能耗中占有很大的比例，在西方发达国家，建筑能耗占社会总能耗的 30%~45%，而我国在目前社会经济水平和生活水平都还不高的情况下，建筑能耗已占到社会总能耗的 20%~25%，正逐步上升到30%，并且高能耗建筑造成了大量化石燃料的使用，带来了越来越严重的大气污染。目前，我国城乡建筑房屋每年以20%以上的速度迅速发展，年竣工面积为20亿 m²，其中90%以上为高能耗建筑；全国既有建筑为436亿 m²，95%以上为高能耗建筑。我国单位建筑面积能耗是气候条件相近发达国家的2~3倍。到2020年，我们国家有一半的存量建筑是在未来15年内建成的，建筑数量和建设速度都属于世界发展史上所罕见。国家正在实施建筑节能设计标准，提高建筑围护结构的保温性能。我国于1995年末发布居住建筑节能50%的节能标准，其中围护结构承担节能25%承担，可见开展建筑节能是当务之急。中国未来10到15年，能不能强制实行建筑节能标准，是关系到中国能不能走资源节约、环境友好的道路，是不是以最节约的方式实现提高生活质量的问题，能不能对世界可持续发展做出贡献。

建筑节能是有效缓解能源危机的需要，是经济发展的需要，是减轻大气污染的需要，是改善建筑热环境的需要，是减轻温室效应的需要。从世界范围来看，建筑节能已经成为世界大潮流，也是现代建筑技术科学发展的一个基本趋势。我国建筑业作为用能大户，对能源的节约责无旁贷。抓住机遇，不失时机的推进建筑节能，有利于国民经济持续、快速、健康的发展。

2.建筑节能工作现状

我国的建筑节能工作起步晚于国外。该项工作是从20世纪80年代初伴随着中国实行改革开放政策以后开始的。我国建筑节能中心工作首先是围绕着降低北方城镇采暖能耗展开的。1986年建设部颁发的《民用建筑节能设计标准采暖居住建筑部分》目标是在1981年当地通用设计的居住建筑供暖能耗基础上节能30%。这个标准拉开了我国建筑节能的序幕，使建筑节能开始引起人们的注意和重视。"标准"的要求完全符合实际，是能够实现的。经过10年的探索和推动，有组织有领导地制定了建筑节能政策和组织实施开展了大量建筑节能工作。1995年12月建设部批准了标准的修订稿，即《民用建筑节能设计标准采暖居住建筑部分》，1996年7月1日施行，

其目标节能率为50%，即要在"三北"地区，全面实施原设计标准节能的基础上，再节能30%的第二步目标。1999年全国第2次建筑节能工作会议，提出了实施跨越式发展的战略：至2010年准备实施第三步节能设计标准，即要求达到节能65%的第三步目标。

我国的建筑节能工作采取由易到难、从点到面、分阶段实施的方针。回顾这10年的建筑节能工作，尤其是在居住建筑方面，成绩显著。在建筑节能设计标准的制定上，在《民用建筑节能设计标准(采暖居住部分)》之后，2001年颁布《夏热冬冷地区居住建筑节能设计标准》，2003年颁布《夏热冬暖地区居住建筑节能设计标准》，这样我国在居住建筑节能设计上就形成了覆盖全国的三个国家标准，加上2005年颁布实施的《公共建筑节能设计标准》，我国形成了比较完善的民用建筑节能设计标准体系。我国建筑节能制定两个阶段的目标，第一阶段到2010年要达到新建的建筑全面实行50%的设计标准，第二阶段2010年后逐步达到65%的节能率。

"十一五"期间，建筑节能要实现节约1.01亿 t标准煤，也就是减排4亿多吨气体。节能建筑的总面积累计要超过21.6亿 m²，其中新建16亿 m²，改造5.6亿 m²。实现这些目标所进行的主要工作有四项：新建建筑全面实行节能50%的设计标准。在北京等4个直辖市以及北方严寒和寒冷地区重点城市试行节能65%的国家标准，完成绿色建筑和超低能耗建筑的100个示范工程，形成相关的技术配套政策；既有建筑的改造，尤其是公共建筑的改造取得突破性进展。

以夏热冬冷地区的贵州省贵阳市为例，根据开展的贵州省国家机关办公建筑和大型公共建筑贵阳地区能耗统计报告，公共建筑能耗较大，居住建筑平均能耗为15kWh/m²，公共建筑比居住建筑能耗高出5~10倍，甚至10~20倍，节能潜力巨大。

面对城乡建设高速发展的形势和国家节能政策的要求，我们必须加强建筑节能工作，为人们创造良好的工作与生活环境，使社会经济长期持续稳定发展。

3.既有建筑节能改造现状

在过去的几十年中，我国建造的建筑多数是非节能建筑，公共建筑也不例外。北方的公共建筑，冬

季多数使用煤炭采暖。每平方米建筑面积年耗能量，我国与气候条件相近地区的发达国家相比，要高出约2倍以上。问题的关键在于，大量没有任何节能措施的既有建筑，其保温隔热性能差，设备系统效率低，导致采暖和制冷能耗浪费严重。我国北方的采暖建筑，供暖面积大、时间长，不合理的围护结构和低效的供暖系统会造成很大的能源浪费。自上世纪末，借鉴于国外既有建筑节能改造技术，我国北方已经开展了既有建筑节能改造示范工作，对既有建筑的节能改造，改进建筑围护结构热工性能是关键，从中总结了不少有益经验，2000年，国家颁布了《既有采暖居住建筑节能改造技术规程》(JGJ129–2000)。

受我国经济水平的影响，既有建筑节能改造发展缓慢。2009年3月30日，住房和城乡建设部部长姜伟新在第五届绿色建筑大会上表示，按照国务院建筑节能改造安排，2008~2010年三年期间要完成供热计量和节能改造1.5亿 m²。2008年仅完成4 000万 m²的改造，既有建筑节能改造任务艰巨。截至2010年，我国既有建筑面积约为436亿 m²，其中95%以上的建筑为非节能建筑，约有130亿 m²的既有建筑具有节能改造潜力，按照以往示范工程数据估计，既有居住建筑节能改造费用约为100~300元/m²，公共建筑由于使用用途不同，改造费用要普遍高于居住建筑。因此，130亿 m²的既有建筑节能改造费用将超过1.3万亿元。

在推动既有建筑节能改造的过程中，仅仅依靠国家的财政投入是杯水车薪的，而各地在技术、管理、经济发展等方面的参差不齐，使我国的既有建筑节能改造陷入举步维艰和发展不平衡的状态。但既有建筑节能改造不仅具有良好的经济、社会和环境效益，提高了百姓生活质量，改善居住和工作环境，也是我国建设资源节能型和环境友好型社会的重要内容，应该得到各级政府的重视。

二、对建筑节能工作的问题及思考

1.建筑节能中的问题

(1)对建筑节能工作的重要性和紧迫性认识不足

建筑节能关系到亿万群众的切身利益，由于宣传力度不够，我国还没有形成对建筑节能重要性的基本认识，对建筑节能的了解不足。建筑行业的从业人员，尤其是中小城市和乡镇，由于建筑节能管理不到位，节能意识淡薄，对相关技术知之甚少，建筑节能开展较差。建筑节能设计人员当中，有些人未经专门培训，其设计质量让人难以信服，于是，出现建筑节能设计与采暖设备的非节能设计之间的矛盾。实践证明，各级领导的重视程度会直接关系到建筑节能事业的发展，如京津等地有关领导较早重视，认真贯彻节能标准和法规，就不断取得新的进展，而有些地方，特别是中小城市，则对此采取放任自流的态度，致使建筑节能推广工作长期停滞不前。

(2)缺乏配套完善的建筑节能法律法规

我国虽已出台了《中华人民共和国节约能源法》，制定了一批建筑节能及其应用技术标准和规范，如《民用建筑节能设计标准(采暖居住建筑部分)》中，针对建筑节能50%的要求，提出了不同地区采暖居住建筑各部分围护结构传热系数限值的规定，并且已被纳入《工程建设标准强制性条文(房屋建筑部分)》，但未制定对建筑节能的相关法律、法规，因而建筑节能工作基本上处于无法可依的状况。同时建筑节能是一项利国利民的工作，但国家及地方缺乏对建筑节能的实质性经济鼓励政策，建筑节能缺乏必要的资金支持。

(3)国家对建筑节能技术创新支持力度不够

建筑节能的顺利推进，还有赖于经济上可以承受的先进成熟的技术，以及质量合格，数量足够的产品的支持，但是，正在起步发展中的建筑节能产业，作为一个复杂多样的产业群体，存在起点低、技术水平不高、创新能力弱的问题。目前，夏热冬冷地区和夏热冬暖地区的建筑节能标准已经颁布实施，这些标准的实施需要大量成熟可行的技术和产品作为支撑，但国家在建筑节能技术开发和创新方面的支持力度还很不够，导致目前建筑节能行业鱼龙混杂，很不规范。大量的建筑节能建材质量都难以保证，建筑构造设计的疏漏，施工质量无法保证，都使人担忧竣工后交付使用的建筑其节能指标能否达到设计要求。

(4)建筑节能管理体制不顺畅

建筑节能工作除了应该注意建筑门窗、建筑屋顶和采暖制冷系统的用能效率外,建筑物的围护墙体节能也是十分重要的方面。建筑节能不抓墙体革新不可能达到节能的效果,同样,墙体革新不与建筑节能相结合,也失去了墙体革新的作用。但长期以来,建筑节能工作缺乏强有力的管理机构。虽然已成立了建筑节能协调领导小组和专门的建筑节能协调组办公室,但很多地方仍未成立相应的建筑节能专项管理机构,因而建筑节能工作难以推动。

2.对建筑节能工作的思考

(1)加强建筑节能的宣传教育

应积极开展建筑节能示范工程。宁波应采用典型引路的方法,迅速确立一批节能建筑示范工程,并以此为载体,总结经验、完善政策、开发技术以推动建筑节能工作的前进。对建成的示范工程进行评测,总结经验并通过新闻发布和现场交流的方式对起到示范作用的新技术、新产品进行推广,同时淘汰落后的高能耗的技术和产品。公众建筑节能宣传活动。应针对不同的管理对象和环节、不同阶层的人员,广泛全面的开展专业技术培训和普及宣传节能教育等工作。

(2)完善相关配套建筑节能法制

协调明确各有关部门的责任义务和工作重点,将建筑节能工作纳入法制化的轨道,做到有法可依、有法必依,为建筑节能工作有效实行提供保障。建设行政主管部门应加强对建设工程项目各个环节中执行建筑节能相关标准的监管,落实各项规定,建设单位应按照相应的建筑节能设计标准和技术要求委托工程项目的规划设计和开工建设,并对节能工程组织专项验收;设计单位应严格按照设计标准和节能要求进行节能设计,设计文件应包含节能专篇和热工计算书,保证设计质量;施工单位应按照通过审查的设计文件和节能施工技术标准要求进行施工;监理单位应依照法律法规、节能技术标准、节能设计文件、建设工程承包合同以及监理合同对节能工程建设实施监理;节能厂商应提供满足国家现行标准规范要求的节能技术及产品。

(3)实施绿色建筑评估标准

绿色建筑评估系统是其成熟的标志性的运行模式,有助于人们理解绿色建筑的内涵,在市场范围内提供一定的规范和标准,形成优绿优价的价格确定机制,从而达到规范市场的目的。2005年,建设部与科技部联合发布了《绿色建筑技术导则》和《绿色建筑评估标准》。我国应该建立健全绿色建筑的评估、认证、标识等制度,逐步形成和完善推广绿色建筑的法律法规体系。对绿色建筑的外围护结构保温隔热性能、供热(供冷)系统效率、实际节能效果等方面进行评估和界定。

(4)加大建筑节能技术创新、技术进步支持力度

建立资金保障制度正在发展中的建筑节能产业,普遍存在起点低、技术水平不高、新产品技术性价比不高、创新能力弱等问题,国家应该对开发、应用建筑节能新技术给予经济上的支持,对建筑节能技术的研发和推广增拨经费,并对建筑节能技术产品的生产、销售给予税收上的特别优惠,各类金融机构要切实增强对建筑节能项目的信贷支持力度,推动和引导社会各方面加强对节能的资金投入。要鼓励企业通过市场直接融资,加快进行节能降耗技术改造。在建筑节能的研究、设计、实施和对新技术、新建材的研究、推广、应用中,要创新投融资体制,积极筹措建筑节能资金,制定经济扶持政策,建立和完善建筑节能的经济激励政策。

结语:建筑节能是一项利国利民的重要工作,我国现处于高速发展的时期,基本建设规模很大,对这项工作的疏忽和不够重视,将对我国资源和环境造成重大影响。建筑节能量大面广,同时还存在着各种各样的问题,有的还很复杂,因此,一定要以科学发展的方式来对待这项工作,实事求是,以人为本,统筹兼顾,才能真正做到节约能源、改善环境、造福子孙后代。®

建筑节能

参考文献

[1]李玉萍.阐述建筑节能推广存在的问题与应对措施.
[2]章国坚.论建筑节能工程施工中存在的问题及监理措施.
[3]吴玉金.浅谈我国建筑节能存在的问题与对策.
[4]廖礼平.我国建筑节能的现状、问题与对策研究.

建造师 23

111

探索绿色建筑的可持续发展之路

黄延铮

（中国建筑第七工程局有限公司，郑州 450004）

摘　要：借鉴发达国家的先进经验和分析我国现阶段对发展绿色建筑的认识及发展绿色建筑中的不足，提出了关于绿色建筑可持续发展之路的政策、法律法规、教育、宣传和科技创新等方面的建议和思考，为我国建筑业结构转型，实施协调可持续发展，摆脱传统落后的局面提供参考性意见。

关键词：绿色建筑，可持续发展，四节一环保

可持续发展是人类的共同理想，生活在地球上的每一个人、每一个经济部门都有责任为人类的生存环境而奋斗。绿色建筑体系正是国际建筑界为了实现人类可持续发展战略所采取的重大举措，是建筑师们对国家潮流的积极回应。

从历史的发展来看，绿色建筑与可持续发展理论是一种相互协调，相互促进的关系，可持续发展理论推动了绿色建筑体系的创造；而绿色建筑又丰富了可持续发展的内涵，为人类实现可持续发展做出了重要的贡献。

一、绿色建筑的现状和特点

1.绿色建筑的发展历程

20 世纪 60 年代，美籍意大利建筑师保罗·索勒瑞（Paola Soleri）首次提出了著名的"绿色建筑"的概念，将生态学（Ecology）和建筑学（Architecture）两词并为"Arology"，即生态建筑学。即从生态学的角度来认识建筑，将生态学的理论应用到建筑设计中，以此达到与自然的和谐共生。

1969 年，美国景观师伊恩·麦克哈格出版《设计结合自然》，标志着绿色建筑学的正式诞生，他指出：生态建筑学的目的就是结合生态学原理和生态决定因素，在建筑设计领域寻求解决人类聚居中的生态和环境问题。

1973 年，石油危机的爆发，使人们意识到，以牺牲生态环境为代价的高速文明发展难以为继。耗用自然资源最多的建筑产业必须走可持续发展之路。

20 世纪 80 年代，节能建筑体系逐渐完善，并在英、法、德、加拿大等发达国家广为应用。同时，由于建筑物密闭性提高后，室内环境问题逐渐凸现，以健康为中心的建筑环境研究成为发达国家建筑研究的热点。

1988 年，我国建筑学家吴良镛教授，吸取中国传统文化及哲学的精华，融汇多方面的研究成果，创造性提出了"广义建筑学"，提出以城市规划、建筑与园林为核心，综合工程、地理、生态等相关学科，构建"人居环境科学"体系，以建筑适宜居住的人类生活环境。

20世纪90年代,全球温室效应问题成为世人瞩目的焦点。

1992年巴西的里约热内卢"联合国环境与发展大会"的召开,标志着"可持续发展"这一重要思想在世界范围达成共识。绿色建筑渐成体系,并在不少国家实践推广,成为世界建筑发展的方向。

2.发达国家在发展绿色建筑中的经验和启示

(1)政府的引导和榜样作用

在政府领导与推动绿色建筑作用方面,各国政府高度重视。美国、日本等国在绿色建筑的实施过程中,制订了节能优先的战略,并在政府机构建设项目中率先开展绿色建筑相关评价标准。澳大利亚政府"以身作则"的政策规定,保证了政府的建设行为首先是绿色建筑,其榜样的作用意义深远。

(2)完善的政策法规体系建设

发达国家建立了以"法律+行政管理法规+规范性文件"为形式的绿色建筑法律法规体系。绿色建筑的相关的法律、法规、部门规章以及地方性法规相互依赖、相互补充,为绿色建筑的发展提供了重要的保证。

(3)多角度的激励政策

发达国家在绿色建筑及建筑节能的经济激励方面起步较早,进行了大量的研究和实践。采取的激励形式主要有现金补贴、税收减免、抵押贷款、基金扶持、特别折旧等多种形式。如日本出台了住宅环保积分制度、鼓励购置优质住宅、免除住宅节能改造相关税收等大量的经济激励政策与补贴制度,无论对建造者和还是对业主都有着很大吸引力。

(4)深入开展教育培训

澳大利亚政府2010年成立国家绿色工作联合会,在两年内投入7 960万美元针对澳大利亚境内17岁至24岁的青年求职者进行26周的环境培训,以保证他们在不断发展绿色及气候变化产业面前做好就业准备。新加坡政府开展深入、细致的绿色建筑教育培训工作,甚至从幼儿园起,就进行了绿色建筑潜移默化的教育,将绿色生态环保意识深入人心。

(5)分类推进、分步实施绿色建筑

在绿色建筑实施方面,国外政府实行分类推进、分步实施的策略,先是公共建筑,然后是民用建筑;先是自愿认证,给予奖励,然后逐渐过渡到部分建筑强制认证。通过一系列强制和激励政策相结合,使绿色建筑得到逐步推广。

(6)积极推动绿色建筑科技创新

科技创新作为绿色建筑可持续发展手段,国外政府非常重视绿色建筑相关的科研、技术的投入,积极推动绿色建筑研发。如新加坡政府设立了5 000万元公共研究基金来支持研究工作。

3.我国现阶段对绿色建筑可持续发展的认识

(1)发展绿色建筑已经到了刻不容缓的地步

我国正处于工业化和城镇化快速发展阶段,工业的增长、居民消费结构的升级,特别是中国城镇化进程的快速发展,对能源、经济资源的需求将更加迫切。建筑业作为节能低碳的关键领域,走可持续发展道路,发展绿色建筑是未来经济社会前行的必然选择。

(2)绿色建筑逐步从示范性阶段步入实际操作阶段

在现阶段,发展绿色建筑已经达成共识,在节能减排上效果显著的低碳型绿色建筑将成为破解资源瓶颈和应对气候变化的重要抓手。以绿色建筑概念为核心的政策和规划正在国内多个城市推行。

(3)绿色建筑是建筑业转变的必然趋势

在我国,相对于其他行业来说,建筑业更容易实现节能减排。因此,一定要把发展绿色建筑上升到实践科学发展观、实现可持续发展的战略高度,把发展绿色建筑作为建筑业转变发展方式的必然趋势来确定目标,在新建建筑全面推行绿色建筑标准的同时,加快既有建筑绿色化改造。

(4)绿色建筑已融入我们的日常生活

绿色建筑保护了环境,减少了污染,与我们每个人都息息相关。同时,绿色提升了建筑的内涵和档次,提高人们的生活品质,还赋予建筑可持续发展的动力。对于单个家庭来说,还能减少采暖和制冷的费用。

(5)绿色建筑技术并不一定增加成本

绿色建筑技术的应用只要采用适宜的技术,走本土化路线,并不一定会增加成本。如自然通风、外遮阳措施、科学地使用能源、雨水收集等，只是多一些设计和思考就可以解决，并没有使建筑本身的成本增加。

(6)绿色建筑有利于促进新能源发展

从我国新能源产业发展的现状来看，我们仍处在新能源产业发展的初级阶段，提高新能源在能源消费中的比重，推广节能技术，降低能耗，将是经济社会发展的必然选择。

4.我国现阶段绿色建筑的发展现状和不足

(1)社会对绿色建筑认识有待加强

我国的绿色建筑虽在近年来得到了迅速发展，但其社会普及度仍不尽人意，全社会没有充分认识到绿色建筑的意义，缺乏对绿色建筑深层次含义的理解，缺乏建设及推广绿色建筑的基本知识和主动意识，并且对绿色建筑的认识还存在诸如绿色建筑是绿化建筑、是高成本建筑、是复杂高科技建筑等误区。

(2)市场供给与需求脱节

绿色建筑不仅可以让入住者享受更健康、适用的生活条件，而且有利于保护生态环境、节约能源。因此，绿色建筑作为未来的趋势应越来越受到消费者的青睐。在发达国家，绿色建筑的理念较为深入人心，开发商在政府法律要求和经济激励下，愿意投资绿色建筑，公众对健康环保的需求强烈，愿意接受绿色建筑，因此，绿色建筑的市场广阔。我国开发商在缺乏强制性政策和经济激励，公众对绿色建筑虽有需求却了解甚少的环境下，不愿意投资绿色建筑；或将"绿色"作为卖点，为了利润故意炒作，未能真正将项目打造为绿色；或采用技术冷拼将高新技术直接堆砌实施而忽视了建筑的功能性和适宜性；或盲目投入，一味追求"绿色"而缺乏技术和功能的合理性与经济性；造成供给与需求脱节，阻碍绿色建筑发展。

(3)地域差异性影响发展

绿色建筑是个复杂的系统工程，具有跨专业、多层次和多阶段的特点，强调多学科配合和因地制宜。因此，需要针对不同的地域和气候特点、不同资源条件、不同社会经济、不同文化状况，研究整合精细化的适宜技术，建立起相应的支撑体系。

我国地域广阔，建筑所处的环境气候、地域地

理、资源和经济发展等存在巨大的差异性。从技术应用现状看，由于存在地域差异因素，绿色建筑的本地化技术研究还不够成熟，基础技术研究地域差别也大，成为技术推动的阻碍，极大地影响了绿色建筑在我国的发展。总体上我国目前绿色建筑的发展存在南方快、北方慢；东部沿海快、西北地区慢等地域不平衡的问题。

(4)相关标准规范、评价体系有待完善

我国绿色建筑起步比发达国家晚十几年，经过近年来的努力有了飞跃的进步，但与发达国家相比，还处于比较初级的阶段，从立法、标准、规范的制定到政策的支持都需要完善。

现行绿色建筑评价体系缺乏综合分析和对不同地域或建筑的适应，定量指标很难针对不同的气候区、不同经济条件和不同的资源条件下的不同建筑类型做到"因地制宜"；也较难从项目的"全寿命周期、全过程控制"的角度判断是否符合绿色建筑的要求；评价指标的科学性和可操作性有待进一步系统化。

(5)缺乏有效的技术支持

一方面，国内设计单位的技术能力和经验无法同步跟上绿色建筑发展，广大的建筑业从业人员对于绿色设计理念、目标和方法缺乏完整性认识。另一方面，国内绿色建筑研究的基础性仍不够扎实，由于缺乏国内优秀绿色建筑的工程实例，国内设计师在实践时，简单模仿和参照西方建筑的发展模式，忽略了绿色建筑最基本的功能性、地域性等特点。

(6)缺乏有效的监管和激励政策

绿色建筑在我国处于起步阶段，相应的政策法规和评价体系还需进一步完善。国家对绿色建筑没有法律层面的要求，缺乏强制各方利益主体必须积极参与节能、节地、节水、节材和保护环境的法律法规，缺乏可操作的奖惩办法加以规范。

相对于各种法规、标准和规范的不断出台，激励优惠政策配套相对滞后。尽管目前已经实行可再生能源在建筑中规模化应用的财政补贴政策，但支持建筑节能和绿色建筑发展的财政税收长效机制尚未建立，对绿色建筑缺乏补贴或税收减免等有效的激励，很难提高企业开发绿色建筑的积极性。制度与市

场机制的结合度有待提高。对于企业来说，虽然绿色建筑更加节能与环保，从长远来说更加经济，但绿色建筑的设计与建造本身可能会增加一定的成本，加上目前消费者偏重商品房的价格、位置与安全，对于绿色建筑所体现的节能、环保、健康价值认知不够；尽管政府不断加大绿色建筑的推广力度，但企业在法律不强制、政策不优惠、受众没要求的客观环境下，限于急功近利的心态和责任意识的不足，同时考虑绿色建筑所带来的初期投资增加，多数没有自觉开发绿色建筑的动力。对于消费者来说，由于绿色建筑的建造成本通常高于普通建筑，这部分附加成本往往会转化成用户的负担，在相关税收优惠不足以抵消购房成本的增加额时，绿色建筑难以赢得绝大多数市场。因此，在绿色建筑发展初期，政府如何通过制度建设，运用有效的激励机制，充分调动各方的积极性，是目前面临的一大挑战。

（7）缺乏基础数据和信息支撑

目前，鉴于绿色建筑要符合物理规则的科学性，准确的量化数据是评估系统的灵魂。然而我国还缺少生态主体的一些数据。评估系统的一些基本项目由于缺乏基础数据而难以做定量评价，整个评估系统还处于定性评价阶段。

绿色建筑在我国的发展还处于起步阶段，绿色建筑发展的技术支撑和市场还需要更多数据支撑和科技推动。由于总体数量少、地域发展不平衡，绿色建筑数据库和信息系统尚未建立，使得行业管理部门无法清楚和及时掌握全国绿色建筑发展的现状和水平；由于缺乏适应我国气候所处气候带和区域特性的绿色建筑技术实施经验数据，使得设计人员难以更好地设计出因地制宜的绿色建筑。

二、绿色建筑可持续发展之路的对策和思考

1.提高国家和行业对绿色建筑体系认识的战略高度

（1）推广绿色建筑评估认证和发布绿色建筑白皮书

倡导成立绿色建筑体系评估认证的官方权威机构，负责绿色建筑体系的培训、考试、认证等工作，通过引入节能环保的可持续发展设计，从而对各种商业、公共机构建筑和住宅等的选址、设计、建造、运营、维修保养、拆除等一个完整的生命周期进行指导，同时对综合性社区的发展模式也进行规划，使我们能够将今天先进技术的应用，转变为未来的常规实施方法。

继续推进绿色建筑体系的年度发展报告的编制和出版，增强报告的权威性和影响力，使其成为绿色建筑体系的纲领性文件，能够更加全面地阐述我国绿色建筑的建筑理念、发展状况、技术体系、政策法规和标准规范等情况，为绿色建筑领域技术研究、规划、设计、施工、运营管理以及国家和行业的绿色建筑体系的建设提供权威的指导。

（2）研究和推广符合我国国情的绿色建筑和建筑节能技术

在积极引进绿色建筑标准和技术时，要充分考虑建筑的建造成本和使用成本，做到因地制宜、就地取材。如砌筑块体、墙体保温材料、节能灯、太阳能热水器、节能空调、节水马桶等，用户一旦采用了这些技术和设施后，可以最大限度地减少电费、水费和其他能源费的开支，一般5~8年之内就可以把增加成本收回来。这样的绿色建筑和节能技术才符合地域性。

（3）突破对绿色建筑认识的误区

如果将绿色节能建筑定位为高端化和贵族化就难以推广、普及，也不符合我国国情。事实证明，绿色建筑发展必须符合国情、能被普通老百姓接受，才是绿色建筑健康发展的道路。以前的智能建筑就走了弯路，仅将智能建筑停留在安保和音响控制等方面，将线路设计得十分复杂，工程造价非常高，但建成后耗电量却居高不下，运行成本很高。所以这不是我们提倡的绿色建筑。绿色建筑应该是利用信息技术来节省能源，为工作、生活提供舒适和便利。

（4）老旧建筑节能改造纳入绿色建筑发展规划

发展绿色建筑不能只局限于新建筑。近年我国新建建筑节能工作相对做得较好，基本遵循了国家建筑节能的标准。然而，大量既有建筑的节能改造却

推进得不是很顺利,许多既有老旧建筑仍是耗能大户。对于旧建筑的节能改造难的问题建议采用政府补助、企业资助、住户适当出资的形式推广。先通过部分住户的使用,使老百姓看到确实节约了成本,获得了效益,这样就会逐步都要求使用这些技术。从而使已有建筑也能符合绿色建筑的标准。

2.制定绿色建筑管理的相关法律法规并有效实施

(1)通过政策法规的引导和制约作用推广绿色建筑

应完善相关法律法规,体现大力发展绿色建筑的内容,对建筑节能、节地、节水、节材及环境保护做出补充要求,增加奖惩条文。要加大强制执行新建建筑节能标准的力度。在有条件的地域,对于政府投资建设项目应要求符合绿色建筑评价标准,发挥政府示范作用,增强绿色建筑的社会影响,起到更好的引领作用。

(2)因地制宜制定有关"四节一环保"管理办法

在研究国外先进绿色建筑技术的基础上,我们应该选择和建立适合我国本土的绿色建筑技术,同时,我国幅员辽阔,地方差异也比较大,我们应结合本地的实际情况,选择最合适的技术与产品,制定切实有效的"四节一环保"管理办法。

(3)推广环境保护法律法规

政府应推广实施包含"绿色税"和"谁污染谁赔偿"原则在内的法律法规,根据污染所造成的危害对排污者征税,用税收来弥补私人成本和社会成本之间的差距,从源头控制污染,限制使用和淘汰落后产品及落后施工技术。

(4)推行绿色建筑评估体系和绿色建筑标签制度

绿色建筑的发展依赖于明确的评估体系,要推动我国绿色建筑的发展,必须建立可操作性强的绿色建筑评估体系,根据我国的具体特点,明确评价标准和指标。同时,要以可持续发展的眼光审视评估体系,不能是用则立,不用则废,需要在统一规范的管理上,依据不同市场的具体情况,制定有针对性的评估体系。

在施工过程中,通过评估达到"绿色建筑"标准,

按规定由项目业主给予适当的补贴,调动生产企业及施工企业的积极性,以此促使其增加生产能力,提高施工技术,扩大产业规模,并可以申请"绿色施工标签",作为工程项目投标加分以及项目业主选择施工单位的重要依据。同时,也为项目业主的建筑产品在建成后获得"绿色建筑标签"奠定了基础,政府机关对于获得"绿色建筑标签"的建设项目也给予适当奖励。

(5)实施积极的税收优惠政策

对实施绿色建筑技术的企业给予税收优惠政策,实际上是降低了绿色建筑产品生产者及实施绿色施工的施工企业的成本,通过税收调节,政策扶持,达到鼓励绿色建筑技术及方法的研究及运用效果。

3.宣传绿色建筑的理念,强化教育培训,推动科技创新

(1)理念先行引领绿色建筑发展

绿色建筑代表了世界建筑未来的发展方向,推广和发展绿色建筑有赖于绿色理念深入人心,需要全社会观念与意识的提高,要向全社会宣传普及绿色建筑的理念和基本知识,提高民众的接受度。绿色建筑不等同于高科技、高成本建筑,不是高技术的堆砌物,因地制宜地选择适用的技术和产品,通过合理的规划布局和建筑设计,并不需要增加过多的成本。

(2)积极引导"绿色建筑"市场

按照绿色建筑原则建立示范性项目和绿色建筑推广应用示范单位,注重绿色建筑经济性效果的比较,用活生生的例子展示在人们的面前,使绿色建筑沿着良性循环的轨道稳定、健康、持续地发展。

(3)大力发展绿色建筑相关技术研发

每年多举办绿色建筑国际性的研讨会和新技术展示会,及时、系统、广泛地引进国际先进绿色建筑技术及管理经验,大力推广绿色建筑与绿色施工的技术和产品。

(4)多举办面向公众的宣传活动

建立绿色建筑理念传播、新技术新产品展示、教育培训基地、绿色建筑网站、绿色建筑论坛,宣

传绿色建筑的理论基础、设计理念和技术策略,以普及"四节一环保"知识为主要目标,提高全民绿色环保意识,更好地推广绿色建筑,促进绿色建筑的发展。

(5)完善和优化绿色建筑沟通渠道和推广平台

通过学术会议、网络、报纸、电视等媒介加强绿色建筑的沟通和推广,并且不断扩大绿色建筑类学术会议的规模和影响力,将绿色建筑的发展模式逐渐由政府与科研机构的推动向政府管理、开发商和业主等主动参与双向推动模式转变。

(6)加强绿色建筑的基础理论知识学习

在大学的建筑类的教育课程中增加绿色建筑技术和管理的相关内容,同时,由政府出面,组织一些绿色建筑专家和研究人员针对政府管理人员和广大的建筑从业人员定期开设绿色建筑培训课程。

(7)大力推进绿色建筑相关产业及服务业发展

建设绿色建筑材料、产品、设备产业化基地,形成与之相应的市场环境、投融资机制,带动绿色建材、节能环保和可再生能源等产业的发展;在相关执业资格考试中适当增加对绿色建筑、绿色施工知识的考核,并对已获得相关执业资格的人员在每年的再教育学习中增加这方面的培训内容,以改变以往的思维模式,拓展绿色建筑设计技能,推广绿色建筑新技术的应用。

(8)建立健全绿色建筑科技成果推广应用机制

加快成果转化,支撑绿色建筑发展;组织绿色建筑技术研究,在绿色建筑共性关键技术、技术集成创新等领域取得突破,引导发展适合国情且具有自主知识产权的绿色建筑新材料、新技术、新体系。加强国际合作,积极引进、消化、吸收国际先进理念和技术,增强自主创新能力。

三、结 语

建筑业是国民经济的支柱产业。绿色建筑是引领建筑技术发展的重要载体,绿色建筑的发展将改变我国建筑业技术含量低、产品质量不高、施工工艺落后的现状。转变建筑业粗放式的发展模式,走绿色建筑的可持续发展之路,引领建筑业摆脱传统落后

的局面,将是建筑行业有效解决质量和效益瓶颈、健康协调发展的必然选择。

总之,走绿色建筑的可持续发展之路,既需要科学地将城市建设和自然环境建立起和谐稳定的协调共生机制,还需要国家相关部门加强宏观调控和依法行政,并提供有效的技术保障支撑,引导社会鼓励和弘扬绿色建筑的理念和文化,使绿色建筑成为建设行业的引领者和风向标。⑤

参考文献

[1]仇保兴.绿色建筑2011[R].北京:中国建筑工业出版社,2011.

[2]仇保兴.绿色建筑2012[R].北京:中国建筑工业出版社,2012.

[3]曾捷等.绿色建筑[M].北京:中国建筑工业出版社,2012.

[4]任宇平.绿色建筑推广的障碍与对策[J].发展研究,2007(10).

[5]邓世维.绿色建筑的经济理性与对策[J].中外建筑,2008(8).

[6]郝建平.建筑节能关系可持续发展大计[J].山西科技,2006(1).

[7]王慧琴,王智.浅谈我国绿色建筑的现状及其发展对策[J].山西建筑,2009(4).

[8]牛铮铮,张有恒.绿色建筑技术[J].山西建筑,2007(33).

[9]王方.浅谈绿色建筑与建筑节能[J].城市建设理论研究,2012(7).

[10]杨文,刘君莉.绿色建筑可持续发展思考[J].合作经济与科学,2007(12)上.

[11]司小雷.我国的建筑能耗现状及解决对策[J].建筑节能,2008(2).

[12]蔡利雄.低碳经济背景下我国绿色建筑的发展[J].江西科学,2010(03).

[13]李小红.浅谈绿色建筑的推广和发展[J].科协论坛,2008(2).

[14]绿色建筑专题:全球节能环保网,2012.5.
http://www.gesep.com/Focus/Building_SE/

全面构建持久的市场竞争优势

——中国房地产企业：打赢一场战略资本战争

章继刚

（四川省工商局，成都 610041）

一、战略资本理论综述

（一）战略资本的概念

战略资本一词具有复杂的含义，人们常常把它作为知识产权、智力资产和知识资产的同义词。战略资本，是指在推行企业发展战略实现企业战略目标过程中积累和形成的无形资本的总和。

企业资本的构成分为有形资本和无形资本。战略资本属于无形资本，包括企业商标权、专利权、著作权、发现权、版权、商号、商标、原产地名称、商誉、企业字号、专有技术、工业设计，也包括企业情报、信息、方案、规划、报告、商业秘密以及企业荣誉和各种奖励；各类上榜、排名，智力成果（论文、新闻、文学作品、专著、手稿、内部资料、广告资料、摄影作品、音像作品、印刷品）、设计权；企业厂区形象、店面形象，企业徽记、名录、通讯录、表格，企业广告形象、公关形象、公益形象、产品形象；有利于企业发展的各种建议、意见、策划、项目、设想、观点、构想、幻想、创意；员工建议及其学习能力；战略价值分析方法；绩效评估方法；企业联盟、集群等发展模式；资本运作策略、动作模式；企业虚拟经济的运作模式；发展战略、营销战略、竞争战略等各类战略计划；公司市场准入权、进入资本市场的融资权，商品、股票的交易权，债券的募集权；房地产产品的出口贸易权；研究开发权、人员培训权；网站、域名、空间；法律、法规规定或国际惯例承认的其他无形资产，等等。

（二）战略资本的特征

（1）无物质形态，能长期使用并为企业带来收益但不像有形资本可以直接触摸。战略资本的无物质形态是相对无形性，指其存在形式的无形性是相对的，其物质形态的表现形式与有形资产有一定相似性，所有无形资产除商誉外，都有一定载体。

（2）战略资本具有耐久性。战略资本具有较长的保护期，使用寿命周期长。保护知识产权就是保护战略资本，企业在自主知识产权相关权益受到侵害时，要善于运用法律武器加以维护，积极应对知识产权纠纷。

（3）战略资本依赖创新教育。战略资本不仅趋向年轻化，更依赖创造性教育和培育创新能力。技术创新与管理创新，成为战略经济时代战略资本的关键资源。为此，应在全社会大力弘扬科学精神，宣传科学思想，推广科学方法，普及科学知识。加强创新教育，培养青少年创新意识和能力。

（4）战略资本具有高效性。战略资本则更多地给社会与全球带来利益，正如资本和能源在200年前取代土地和劳动力一样。战略资本需要长期投入，但能在较长时间里给企业带来可观的效益。决定企业实力的不再是有形资本的拥有量，而是战略资本的拥有量。

（5）战略资本具有积累性。长期积累的智力资本是一个至关重要的资源。在新一轮发展竞争中，广大企业只要把握机遇,冲破体制机制、文化传统中各种阻碍知识创新的束缚,大幅度提升自主创新能力,使战略资本的积累不断扩大,发展的步伐就会加快,就能赢得主动。战略资本已成为企业发展的助推器。

(6)战略资本驾驭有形资本。据统计,美国所有工作中的80%以上工作属知识型的脑力工作,知识财富型富豪在全球富豪中排位迅速飘升。战略资本比有形资本更具价值。一个企业的厂房即使化为灰烬,但只要品牌还在,就可继续进行生产销售,盖起新厂房。

(7)战略资本具有共享性。战略资本有偿转让后,可以由几个主体同时共有,如商标权;商誉也具有共享性,可以由几个主体同时共有。

(8)战略资本具有一定的垄断性。战略资本具有专有性,即独占性或垄断性。如专利权人对其发明创造享有独占性的制造、使用、销售和进口的权利。其他任何单位或个人未经专利权人许可不得为生产、经营目的制造、使用、销售和进口其专利产品,否则就是侵犯专利权。注册商标所有人对其商标具有专用权、独占权,未经注册商标所有人许可,他人不得擅自使用。否则,即构成侵犯注册商标所有人的商标权,违反我国商标法律规定。法律应当保护知识产权,但如果知识产权的拥有者把知识产权作为垄断的手段,限制了竞争,损害了消费者利益,则知识产权转化为知识产权垄断。

(9)战略资本具有竞争性。战略资本是参与市场竞争的重要工具。生产经营者的竞争就是商品或服务质量与信誉的竞争,例如商标一旦获准注册,注册人即享有该商标的专用权,任何有不经注册人同意,不得在相同或类似的商品上使用该商标或与该商标近似的商标。否则将构成商标侵权,要追究法律责任。如果商标知名度越高,其商品或服务的竞争力就越强。培育商标就是培育企业核心竞争力。

(三)战略资本的作用

如果说,在20世纪企业主要是靠体力以提高劳动生产率来达到实现企业利润的目的,那么,到了21世纪,则主要靠战略资本构建企业核心竞争力,以知识产权、公司知识、战略知识、自主创新能力等构成的战略资本成为企业在激烈的市场竞争中站稳脚跟并发展壮大的杀手锏。原来曾经叱咤风云的企业纷纷在市场竞争中败下阵来,企业领导总结教训时发现,靠物质资本来参与市场竞争的企业远远不能以战略资本为主要武器的企业,不仅利润薄、发展慢,而且常常吃官司,被其他企业侵犯知识产权。

必须清楚地看到,我国企业尚未真正成为技术创新的主体,自主创新能力不强,各方面科技力量自成体系、分散重复,整体运行效率不高,社会公益领域科技创新能力尤其薄弱,科技宏观管理各自为政,科技资源配置方式、评价制度等不能适应科技发展新形势和政府职能转变的要求,激励优秀人才、鼓励创新创业的机制还不完善。

战略资本在当今企业的经营管理活动中,正发挥着举足轻重的作用。无论是跨国公司还是中小企业,战略资本已融入到日常经营之中。可以说,谁掌握了战略资本,谁就能在竞争中领先一步,获得竞争优势。战略资本可以改变资本的结构,对企业战略的实施与运用起到极大的推动作用;战略资本可以增大资本的存量,扩大资本的增值空间,进一步整合企业有形资本与无形资本,有效利用自身资源,降低资源不足对企业发展的制约作用,增强企业的竞争能力;具有战略洞察力的企业家是企业成功的关键,而战略资本在企业经营管理中的运用,可以使企业家始终面向未来,时刻关注企业的前途命运。实践表明,越重视战略资本的企业家,越容易抓住机遇,发挥优势,克敌制胜,推动企业顺利发展;战略资本投入的增加,不仅可以提高战略资本自身的生产效率,还可以提高其他生产要素的生产效率。战略资本的运用,可以克服经济发展中物质资本之不足,保持经济的可持续发展。正如一个人的成长一样,一个企业的成长也要经历一次又一次的转变和变革。不少著名的企业都是在不断加大对战略资本投入的过程中发展壮大的。从一定程度上说,战略资本是企业的生命。

战略资本有利于企业创新。将企业创新战略与战略资本结合起来,可以帮助和推动企业创新,使科技创新成果的价值在市场上实现,成长为具有强大竞争力的新产业;先进技术一旦与战略资本和市场有效结合,就能带来数倍甚至数十倍于常规增长的爆发式增长。增加战略资本投入可以树立企业员工信心,塑造企业形象,增强企业向心力;可以大大增强企业的研发能力、不断创新的能力、组织协调能力以及应变能力,让企业抓住历史契机迅速发展独特竞争力,构建企业竞争优势持久的源泉。

增加战略资本投入可以树立员工信心,塑造企业形象,增强企业向心力。战略资本属于无形资本,但仍然建立在物质资本基础之上,从战略的分析、选择到实施、控制的每一个阶段都需要物质投入。通过增加投入,让企业员工参与战略酝酿、决策与实施过程,充分发挥员工的积极性,从而增强企业管理层和普通员工对企业战略目标的信心,对企业的发展形成明确的预期,保持昂扬的斗志,使企业精神在员工身上得到充分体现,塑造企业积极进取、不断奋进的良好形象,进一步增强企业的向心力和凝聚力。

战略资本作为无形资本,只有进行长期投资和经营才能产生持久的稳定的回报,任何急于求成的做法都无济于事;良好的声誉是企业最重要的战略资本之一,现代企业要获得成功,要把声誉管理作为黄金产业进行投资。通过对声誉进行投资、管理和维护,建立起与社会各界良好的信任关系。声誉不仅为企业摆脱不利局面营造良好的环境,且能创造潜在的巨大的价值,吸引各方面的优秀人才,创造更加优质的产品,增强金融机构、股东的好感和信心,加强企业与合作伙伴的协作,获得较好的口碑,赢得社会的高度认可,使企业在激烈的市场竞争中稳操胜券。

21世纪是以战略经济为主的创造社会财富的时代,是战略资本充分发挥作用使企业快速创富的时代;在战略经济时代,战略资本是企业竞争优势之源,战略竞争力决定核心竞争力;一个企业只有在战略上胜人一筹,才能拥有压倒对手的持续竞争优势,如果战略竞争力下降,则导致企业竞争优势丧失;比竞争对手拥有更大的优势,就必须拥有更多的战略资本;未来企业将从过去侧重于对建设、设备、货币投资等实物投资转向以专利、商标、知识、技能、营销资源、专有技术、竞争战略、企业文化、工业信用等无形资本为主的战略资本投资,使企业得到更高更快的回报。

如何管理与利用战略资本,保护和发展战略资本已成为企业发展的核心,也是提升企业竞争力的关键。应当提高全社会对战略资本的认同和保护。战略资本管理的首要环节,是法律意义上的认可。其中,股份分配是当今全球企业竞争中的共同做法,能有效地吸引人才,增加公司凝聚力。在知识经济的热土——美国加州硅谷,股份分配已成为吸引管理人才与高技术人才的常规做法。战略资本如受不到法律、道义和全社会的公认,战略经济犹如沙滩楼市,难以持续和发展。

(四)战略资本的发展趋势

第一,在企业战略管理过程中,注重理论与实践相结合。企业家满足于知晓战略管理理论是不够的,战略资本运营更强调"运营",即战略资本的实践。离开了实践,战略将成为空中楼阁。只有在实践中,企业家才能充分发挥自己战略管理艺术。

第二,在企业战略资本运营管理中,注重人力资本与战略资本相结合。人力资本是指存在于人体之中的具有经济价值的知识、技能和体力(健康状况)等质量因素之和。值得注意的是,重视人力资本投资,已成为国际知名跨国公司的共同做法。西方的一些先进企业,继设立CEO(首席执行官)、CFO(首席财务官)、CTO(首席技术官)等职位之后,又有了CKO (Chief Knowledge Officer 首席知识官)。中国的人口数量虽然多,但真正高质量的人口却严重不足;中小企业的人力资源严重匮乏,高智能、高技术劳动力所占比重极小。

企业家在战略资本运营过程中,已经认识到人力资本的作用,不断完善人才激励和约束机制,做到人尽其才,实现个人和企业的双赢,使战略资本和人力资本实现高度结合,让企业发展如虎添翼。

第三,战略资本运营将有效提升企业家的素质,有助于培养卓越的企业家。战略管理能力是企业家最为重要的管理能力,战略资本运营是企业家开展资本运营最为重要的手段。战略资本运营过程是对企业家智慧、毅力、胆识的考验,唯有克服短视和浮躁,以机敏的智能和操作的技巧,抓住机遇,才能创造出惊人的奇迹。

第四,战略资本运营将推动企业国际化经营步伐。随着世界经济一体化的发展,企业竞争已进入无国界时代,国际分工进一步加深,国际市场和国内市场高度融合,开展战略资本运营,将进一步推动企业国际化经营步伐,在日趋激烈的国际竞争中,不断提高自身的国际竞争力,以寻求更多的市场资源和发展空间。

第五,企业越来越注重核心能力的培育和发展。在战略资本运营过程中,许多因发展核心竞争能力而获得效益,越来越注重企业的独特资源,努力培育创造本企业不同于其他企业的最关键的竞争能量与优势。培育和发展企业自身的核心能力,已逐渐成企业家的共识。

第六,利用战略资本运营,推动企业的扩张和发展。企业界通过战略资本运营,促进资本市场发达起来,从而实现企业扩张的目的。有计划、有步骤地开展战略资本营运活动,最大限度地支配和使用战略资本,实现资本的扩张,以获得更大的价值增值,已成为企业发展壮大的新途径。

第七,企业协作更加广泛。在市场竞争中,不少企业逐渐认识到协作的重要性,企业联盟、集群等发展模式正成为企业家的战略选择。在战略资本营运过程中,企业合作意识将成为一种财富,企业通过广泛协作,充分依靠外部力量更好地为企业服务,将某一具体的策略选择与企业发展的总体战略结合起来,利用其他企业的相对优势弥补自己的相对劣势,促进企业的迅速发展。

第八,未来企业将从过去侧重于对建设、设备、货币投资等实物投资转向以专利、商标、知识、技能、营销资源、专有技术、竞争战略、企业文化、工业信用等无形资本为主的战略资本投资,使企业得到更高更快的回报。

第九,21世纪是以战略经济为主的创造社会财富的时代,是战略资本充分发挥作用为企业快速创富的时代;良好的声誉是企业最重要的战略资本之一,现代企业要获得成功,要把声誉管理作为黄金产业进行投资。通过对声誉进行投资、管理和维护,建立起与社会各界良好的信任关系。声誉不仅为企业摆脱不利局面营造良好的环境,且能创造潜在的巨大的价值,吸引各方面的优秀人才,创造更加优质的产品,获得较好的口碑,使企业在激烈的市场竞争中稳操胜券。

第十,战略资本运营在企业将成为普遍现象。战略资本运营与资本运营的其他形式一样,在企业长期实施下去,就会收到更加显著的效果。如果可有可无、忽冷忽热、患得患失、怕这怕那,就会丧失竞争优势,更不会有大的发展。在未来,企业家自觉将战略资本运营纳入企业资本运营的总体规划,实实在在将战略资本利用好,提高运营效果,使企业在竞争中立于不败之地,并

得到可持续发展,将成为企业战略管理的新潮流。

二、全面构建中国房地产企业持久的市场竞争优势:中国房地产企业战略资本保护与管理对策

中国房地产企业的无形资产主要有:专利权、技术秘密与经营秘密、商标权、著作权、特许经营权、名称权、土地使用权(土地出让金或转让金)、租赁权、商誉;企业品牌标识;以及品牌发展规划、持续拥有或申请一定量级的知识产权、专利质量及专利转化能力、专利创新能力、人力资本的开发与管理能力、引进消化再创新能力、把握市场机遇的能力、产品研发设计能力、企业管理风险能力、产学研合作能力、市场竞争能力、客户资本管理能力、知识提炼管理能力、企业声誉投资、管理和维护能力、企业融资竞争情报、融资模式、企业联盟、战略合作伙伴关系、专利技术标准化、品牌战略和营销组织架构、经销商产权关系、创业精神、核心价值观、企业文化、技术领先优势、营销网络与市场营销优势、市场占有率、知名房地产产品管理与监督保护措施、消费者的品牌忠诚度和满意度、企业管理经验、知识产权的创造、运用、管理和保护能力、房地产品牌连锁经营权、计算机软件、房地产专营权、企业股权、在建工程抵押权、企业资质、知识产权质押权、股票上市权、口碑、企业家个人品牌等等。可靠的质量和良好的信誉是房地产企业的生存之本,也是无形资产,也会出效益,而且是长期的效益。目前,房地产产品的市场竞争已进入品牌竞争的时代。谁要想赢得市场,谁就必先培育品牌,房地产企业的各种产品均可注册商品商标。

目前开发商缺乏产品原创动力,知识产权意识淡薄,截至2008年底,中国共有1359件驰名商标,据统计,目前国内房地产企业超过10万家,但获得"中国驰名商标"的以房地产开发为主业的地产企业还不到20家,不到全国房地产企业的万分之一,中国房地产驰名商标统计见表1。

房地产市场中楼名、房型设计、广告等方面的雷同现象屡见不鲜,房地产开发商们习惯"拿来主义"、"克隆",互相模仿,盗用侵权现象十分猖獗。一些品牌影响力不大,知名度不高的房地产企业,随意仿冒

房地产

优秀知名房地产企业商品特有的名称，产品缺乏独到设计，抄袭模仿才成风，例如在全国范围内打出"空中花园"招牌的楼盘不计其数，每当新的建筑设计形式在一个城市出现就可能很快复制到其他城市；企业之间低水平竞争现象更趋严重，缺乏核心竞争力和竞争合力，已成为侵犯房地产企业知识产权的主要形式之一，严重阻碍房地产行业技术进步。如今，在发展过程中，推动产业层次由中低端向高端发展，增强房地产企业在更高水平上参与合作与竞争的实力，以知识产权为特征的产业梯度转移规律已十分明显，战略资本保护与管理迫在眉睫。

要积极通过对战略资本保护与管理，开展房地产企业知识产权工作，改善创新环境，实现快速发展。房地产企业战略资本以企业家能力以及知识产权为核心资本，以开展发展战略研究、知识产权保护与管理为主要内容，市场终端渠道，企业融资竞争情报，企业口碑和企业家声誉、风险管理能力、人力资源管理能力、科技创新能力、战略传播能力、创意策划能力、危机处理能力、标准化管理模式、企业直接融资平台，市场占有率、行业地位、企业荣誉等，成为房地产企业战略资本不可或缺的重要组成部分。当前，要鼓励和支持房地产企业上市融资，利用专利权、商标权等无形资产质押贷款。鼓励房地产企业建立技术研发中心，企业为开发新技术、新产品、新工艺发生的研究开发费用，未形成无形资产计入当期损益的，在按照规定据实扣除的基础上，按照研究开发费用的50%加计扣除；形成无形资产的，按照无形资产成本的150%摊销。

为了更好地利用法律法规关于知识产权保护的规定，建立以商标等无形资产为核心的房地产企业资产保护和管理体系，保护和管理好我国房地产企业战略资本，打赢一场战略资本战争，可选择实施下列战略：

第一，商标意识强化战略。

商标意识决定商标命运。一个商标意识缺乏的房地产企业，其商标很难成为知名商标和著名商标。推行商标意识战略，房地产企业应强化商标意识，在内举办商标意识与商标法规培训，多形式、多渠道加大商标法律宣传力度，进一步提高商标保护意识，重视商标维权和运用商标战略，引导争创知名商标、著

名商标和驰名商标活动。要对商标品牌资产进行独立规划和长期投入，维护经营资产的完整性和独立性。积极在新闻媒体上刊发商标知识和商标维权的宣传稿件，曝光商标侵权典型案件，震慑违法分子，切实保护商标专用权人和消费者的合法权益，努力营造全社会关注商标、重视商标、保护商标权的良好氛围，把品牌做大、做优。

第二，商标占位战略。

房地产企业通过实施商标占位战略，可依法保护自己的商标专用权，提高商标的知名度和美誉度，在市场竞争中处于有利地位。房地产企业应当使商标与企业名称中的商号保持一致，把商标进行多方位的注册。房地产企业商标占位战略有多种形式，经常运用的有以下几种：一是注册占位战略，即通过及时注册商标，依法获得商标专用权。不仅要在国内注册，而且要及时到国外注册，特别是在产品销售国注册，如果被产品销售国相关企业抢注，其结果是产品出口之路严重受阻，甚至被拒之门外。二是防御性占位战略。即通过注册防御商标，以防其他单位或个人将自己商标的文字、图形拆开重新组合后进行注册。如在注册"太阳神"商标时，将近似的"神太阳"、"阳神太"同时注册，发挥商标的防御作用。三是超前占位战略。即无论是在国内、国外都要坚持商标注册的超前性，在产品可能辐射的国家和地区实施商标注册超前占位战略，通过及时申请注册以防抢注，依法保护自己的市场地位。房地产企业商标使用应规范，如在广告中打出自己的商标标志，以防他人侵权。

第三，振兴质量战略。

高质量的商品是获得法律保护的基础。质量低劣的商品无法得到消费者的认同和法律的保护。可以说，商品质量是树立房地产企业形象、取得消费者信任、巩固市场地位、创立名牌的关键。一个名牌必须是其商品有相当规模的销售量，销售范围很广，商标使用时间较持久，并且以"高质量、高品位、高知名度、高信任度、高市场占有率、高经济效益"为前提。为此，房地产企业在创名牌过程中，要努力提高产品的生产质量和售后服务质量，以高质量的产品和完善的售后服务取信于广大消费者，努力增强商标的信誉。

第四，名牌发展战略。

房地产企业要树立争创名牌的战略目标，特别

中国房地产驰名商标统计表 表1

序号	注册商标使用人	注册商标地	注册商标名称
1	万科企业股份有限公司	深圳	万科
2	重庆市金科实业(集团)有限公司	重庆	金科
3	江苏新城地产股份有限公司	江苏常州	新城
4	龙湖集团	重庆	龙湖
5	广州富力地产股份有限公司	广州	富力
6	上海绿地集团	上海	绿地
7	金地集团	深圳	金地
8	碧桂园控股有限公司	广东佛山	碧桂园
9	复地(集团)股份有限公司	上海	复地
10	新光控股集团有限公司	浙江义乌	新光
11	山东鲁能集团有限公司	山东济南	鲁能
12	月星集团	江苏省南京	"月星"及图案
13	福建三盛地产集团	福建福州	三盛
14	红豆集团	江苏无锡	红豆
15	罗蒙集团股份有限公司	浙江奉化	罗蒙
16	吉林亚泰(集团)股份有限公司	吉林长春	鼎鹿
17	新郎希努尔集团	河南荥阳	新郎·希努尔
18	厦门银鹭集团	福建厦门	银鹭
19	金侨投资控股集团股份有限公司	湖南湘潭	金侨集团 JINQIAO GROUP 及图案
20	雅居乐地产控股有限公司	广东中山	雅居乐
21	伟星集团	浙江临海	伟星

说明:表中红豆集团、山东鲁能集团有限公司、新光控股集团有限公司、伟星集团、罗蒙集团股份有限公司、吉林亚泰(集团)股份有限公司、厦门银鹭集团、新郎希努尔集团为产品涉及房地产的驰名商标企业。

是争创著名商标和中国驰名商标,争创中国名牌。有了这样一个目标,就可从企业自身实际出发,科学制定长期战略目标和短期战略目标,使名牌发展战略做到规范、科学、可行。房地产企业应注重技术创新,严把质量关,控制成本,提高生产率,降低劳动成本;拓展新市场,提高管理能力,来创造和维持竞争优势。在实施名牌发展战略过程中,一是要正确使用商标,二是应以创立名牌为中心,围绕注册商标进行广告宣传。房地产企业应当通过突出宣传注册商标,实施有计划的"名牌工程",树立企业战略资本的良好形象,提高注册商标的知名度和美誉度,使注册商标不断增值。三是建立健全房地产企业商标品牌无形资产出资制度,支持企业战略资本经过合法评估将其作为无形资产、参股及银行贷款抵押、担保,支持和帮助企业做好战略资本的评价、作价、转让工作。

第五,公关战略。

房地产企业所面临的各种环境、各种突发事件、各种风险、各种利益群体多种多样,对于各种危机和风险,企业需要有事前预警、事中处理、事后补救与完善的应对机制,要从企业整体战略的层面来理解公关、引领公关的发展,使其贯穿始终。房地产企业战略资本法律保护仅靠企业自身的力量是不够的,还必须依靠检察机关、工商行政管理、质量技术监督、人民法院等国家机关的力量,依法打击假冒侵权行为。此外,还必须依靠广大消费者的支持和帮助。因此,通过举行成功的公关活动,可以从深层次上加强战略资本的宣传,其深刻性与持久性远远大于一般广告形式,获得事半功倍的效果,使企业战略资本产生深远影响。

第六,企业文化战略。

实施企业文化战略,就要以战略资本为中心,将企业宗旨、企业信念、企业精神、核心价值观、治厂方略、经营外交方针、发展战略、管理体制、企业礼仪、道德规范、经营哲学、奖惩观等结合起来,以战略资本为龙头,形成企业的风格,逐步建设自己独具特色的企业文化。房地产企业通过健全激励机制,注意细节控制,发现和选聘最优秀的人才,培养执行企业文化管理的首席文化官,提升执行力,达到提高企业整体效益、树立企业美好形象的目的,自觉地把争创名牌商品、名牌服务、名牌企业作为共同的价值取向,从而增强企业的凝聚力和向心力,使整个企业出现蓬勃发展的局面。

第七,战略资本管理战略。

战略资本对于企业有举足轻重的作用,企业要建立健全战略资本管理制度,应当设计防伪标志,采用防伪印制技术。房地产企业应建立战略资本管理机构和配备战略资本专职管理人员,可在企业内设立"战略资本保护办公室"、"战略资本保护中心"等,聘请法律顾问,主动调查市场动态,建立"企业联手打假协作网络",协助工商行政管理等执法部门查处侵犯企业战略资本的行为,维护企业形象。对那些侵犯企业权益,引起公众误认,从事不正当竞争行为的,要及时向工商行政管理部门举报,坚决依法予以纠正。有条件的企业还可设立"打假基金",奖励"打假"有功人员,维护企业声誉和广大消费者的合法权益。在战略资本管理工作中,企业要在战略资本遇到被侵权或需要保护时,及时向工商行政管理部门提出书面请求。企业应加强与工商系统内商标、公平交易以及公安、质检、新闻出版等有关部门的沟通与协作,建立与完善跨部门、跨地区的打假协作机制。

第八,企业战略资本国际保护。

随着我国对外开放的不断扩大和外向型经济进一步发展,房地产企业应增强国际竞争意识,增强在国际市场上的自我保护能力。在国际贸易中,以知识产权为核心的技术壁垒逐年增多,涉外专利亦持续上升。面对日益严峻的国际知识产权保护形势,企业应当更多了解掌握发达国家专利申请和保护的规则,提高参与国际竞争和应对国际知识产权纠纷的能力。国际公约逐渐成为战略资本国际保护的主要法律依据。企业进行战略资本国际保护,应当依据《保护工业产权巴黎公约》、《保护文学艺术作品伯尔尼公约》、WTO协议、《与贸易有关的知识产权协议》(TRIPs)、《世界版权公约》、《保护表演者,录音制品制作者和广播组织的国际公约》、《商标国际注册马德里协定》、《专利合作条约》、《保护唱片制作者禁止未经

许可复制其录音制品公约》、《国际承认用于专利程序的微生物保存布达佩斯条约》、《工业产品外观设计国际保护海牙协定》;《保护产地名称及其国际注册里斯本协定》、《保护植物新品种国际公约》、《建立外观设计国际分类洛迦诺协定》、《国际承认用于专利程序的微生物保藏布达佩斯条约》、《保护集成电路知识产权公约》、《录音制品公约》等国际条约的规定办理,不断拓展知识产权保护领域,提高战略资本国际保护水平,促进国际经济合作,加快自身发展。

第九,加强优秀房地产企业战略资本管理人才的培养,让人力资本入股。

人力资本即人的知识、能力、健康,是指依附在投资者身上,能够给公司带来预期经济效益并通过法定形式转化而成的资本。从某种意义上说,人力资本入股能够从根本解决以上所说的所有者缺位、产权不清晰、委托代理、国资流失、企业家短命和企业经营亏损等问题,真正做到创造财富者拥有财富,创造价值者实现价值,对于推动房地产企业发展具有积极意义,有利于推动房地产企业人才与知识、资本等要素的有机结合,为人才提供良好的创业平台,有助于留住人才,为经济发展注入新动力。人力资本出资者的"身份"可由会计师事务所评定,依据经验、专利、能力等指标,全体股东签字同意后形成作价协议,科技部门审定后出具《人力资本出资入股认定书》,个人不得重复入股或多处投资。若股东对人力资本出资者的价值不予认同,可申请评估机构重新评定,再以新"身价"入股。要鼓励、支持并组织优秀企业战略资本人才培养对象到国内著名高校、企业学习、考察;邀请著名专家、教授、优秀企业家为他们讲学,帮助他们不断更新知识。积极创造条件落实优秀企业战略资本人才培养对象有关待遇。建议建立房地产企业战略资本人才协会,组织优秀企业经营管理人才培养对象开展"创业论坛"等联谊活动,为优秀企业战略资本人才培养对象构筑相互交流、相互学习、沟通信息的平台。⑥

鄂尔多斯房地产市场困境背后的成因与教训

姚婉峤

（对外经济贸易大学国际经济贸易学院，北京 100029）

摘 要：2012 年 8 月，曾经风光无限的财富新贵内蒙古自治区鄂尔多斯市，不再见热火朝天的施工场面，也不再见熙熙攘攘排长龙的售楼处，取而代之的是满目疮痍的停工烂尾楼和行色匆匆的追债者。究竟是什么原因导致这个 21 世纪新兴的能源城市走到了如此的楼市困境？而作为三四线城市发展代表的"鄂尔多斯模式"失色又能带来哪些教训？本文将依据房地产金融理论从宏微观层面结合鄂尔多斯楼市的具体情况，全方位地分析以上两个问题，找出鄂尔多斯房地产市场陷入困境的深层次原因，并为其他城市发展房地产的实践提供一些教训作为参考。

关键词：鄂尔多斯，房地产，困境，教训

一、前言

鄂尔多斯市，地处内蒙古自治区西南部，曾经是内蒙古十二个盟市中最为贫困落后的地区之一。而进入 21 世纪以后，随着煤炭资源的开发和中国经济兴起对能源的大量需求，鄂尔多斯几乎是一夜崛起。从 2002 年的 204 亿元 GDP 总额到 2011 年的 3218 亿元，年均增长 20% 以上，鄂尔多斯仅用十年铸就了 GDP 增长 15 倍的神话。而人均 GDP 更是超越北京、上海，并一度与香港比肩，鄂尔多斯一时风光无限。

如果说煤炭产业是"鄂尔多斯模式"的第一环的话，那么民间借贷和房地产市场就是链条上的第二环和第三环。因为煤炭的崛起，当地很大一部分人一夜暴富，完成了资本集聚，而大量的民间资本通过民间借贷的形式流向了资本密集型的房地产

市场，直接推动了鄂尔多斯市房地产市场的异常繁荣。民间资本通过对房地产企业的放贷取得高额利息，而房地产企业借助于民间资本的帮助，热火朝天地搞建设上项目，并用卖房款偿还利息，而绝大部分商品房的买方也出于对于房价上涨预期进行购房投资，再加上政府对于扩建城市的迫切愿望的推波助澜，一时间，鄂尔多斯房价高企，楼市繁荣，资金链条似乎运行得完美无缺。

然而，2011 年下半年起，以民间借贷爆发严重信用危机为开端，鄂尔多斯的房地产市场也在渐渐褪去繁华走入寒冬。从表 1 可以清楚地看出，2012 年初的房地产建设项目相较于 2011 年初繁荣时期减少了 8 个项目，而房地产施工投资额更是锐减 65.28%。据对鄂尔多斯开发商的统计，2012 年在建房地产项目有超过 75% 处于停工或者半停工状态。前四个月，销售商品房 149.8 万 m²，下降 20.8%；销售金

额91.4亿元,下降5.8%。而从直观上来看,现在充斥着鄂尔多斯大街的景象也不再是几年前甚至是一年前热火朝天的建筑工地和门庭若市的售楼处,而是冷清的街道、荒草丛生的工地以及大门紧闭无人问津的售楼大厅。种种迹象都在表明,鄂尔多斯刚刚起步不久的房地产市场似乎遭遇到了前所未有的困境。

2012年与2011年同期鄂尔多斯市房地产建筑工程投资情况对比 表1

时间	建筑工程投资额变化情况(万元)	施工项目数量变化情况(个)
2011年1~2月	82 235	37
2012年1~2月	28 548	29

注:数据来源于鄂尔多斯市统计局

针对鄂尔多斯遭遇到的楼市困境,本文将着重分析研究以下两个问题:(1)导致鄂尔多斯房地产市场沦陷的背后成因;(2)鄂尔多斯楼市的败落给房地产市场发展,特别是三四线城市的房地产市场发展带来的经验和教训。本文的第二、三部分将对这两个问题分别进行分析,文章的最后一个部分对全文作了总结。

二、鄂尔多斯房地产市场困境背后的成因

本文依据房地产金融理论以及对宏微观层面经济形势的分析,将鄂尔多斯近一年来遭遇到的房地产困境归结为以下几个原因:(1) 供需矛盾;(2)非理性投资;(3)民间借贷危机;(4)宏观调控;(5)地方政府过度开发。

1.房地产市场供需矛盾尖锐,严重供过于求

从供应方面来看,鄂尔多斯楼市的发展在近几年来可谓是近乎疯狂的扩张,以爆发楼市危机前的几年来看,2010年和2011年的房地产实际开发施工面积均在2500万m²左右,相当于日均近7万m²的新开发住房推向房地产市场。而对于鄂尔多斯194.07万常住人口来说,每年新增人均面积也达到了12m²的程度。同时,在市场上交易的住房还有之

前年份未被销售出去的巨大库存量。由此可见,鄂尔多斯房地产市场的扩张已经是在进行大跃进式的发展。由于利益的诱惑,房地产商蜂拥而上。

反观需求方面:市场已在很长一段时间内面临着找不到买家的窘境。一方面,由于常住人口的稀少,仅为194.07万人,且这个数字不仅包括主要居住在东胜区的城镇人口,还包括居住在6个旗县的购买力和需求相对薄弱的农牧人口。另一方面,随着经济下行,煤炭行业不景气,大量外来流动人口返乡离开鄂尔多斯,致使本就不足的居住需求雪上加霜。

正常居住性需求的严重不足与房地产市场巨大的供应量形成了巨大的反差。鄂尔多斯常住人口仅为北京市常住人口(1 961.2万人)的10%,而仅2010年一年鄂尔多斯的房地产销售面积就达1 009.4万m²,规模竟达到北京市房地产销售面积(1 639.5万m²)的62%。而现在房地产在建住房和已建好的存量已基本达到每户人家10套住房的不可思议的值,等于在鄂尔多斯崛起的近10年,建成了未来100年要建的住房。因此,可以看出,鄂尔多斯的房地产市场上存在着严重的供过于求,住房量已远远超过本地人居住的正常需求。而如今充斥着鄂尔多斯大街的空置住房,我们也就不再难理解它的成因。同时,根据经济学的供需模型可知,在供应严重大于需求时,价格将面临着严重的下行压力。这也就解释了2012年8月以来盛传的鄂尔多斯楼盘崩盘式价格下跌的原因。

2.投机性资金催动超高房价,使真实居住需求转变为无效需求

正如上面所分析的,鄂尔多斯的房屋储备量远远大于居住需求已成为不争的事实。而问题的关键在于,在鄂尔多斯楼市陷入僵局之前,同样也面临着尖锐的供需矛盾,楼市为何未萧条反而异常繁荣呢?这与大量的投机性资金不无关系。在煤炭行业高歌猛进的几年中,民众积累了大量原始资本,而这些民间资本又无合理利用渠道,于是大量涌入房地产市场。以投机为目的购入大量住房,以至于鼎盛时期的鄂尔多斯每家平均拥有三到四套住房,超

过95%的家庭投资于房地产业,而这些住房显然并不是用于正常居住。投机者的涌入让鄂尔多斯的楼市成为了一个"炒房者"的市场,投机性需求的旺盛直接推高了房价。许多投机者由于对客观经济规律的了解匮乏,加之几年前全国房价均处于上涨通道,鄂尔多斯人的集体非理性投资为房价的飙升起到了推波助澜的作用。在2002年鄂尔多斯市的房屋均价约为500元每平方米,而10年后的2011年则升至约10 000元每平方米,这样令人咋舌的上涨显然是由于投机性资金,而不是真实需求催生的不真实的高房价,也就是我们一般意义上所说的"房地产泡沫"。

与此同时,过高的房价又进一步遏制了真实的居住需求。每平方米近万元的房价让一些本来有购房打算的本地人和部分外来人口望而怯步,使本来真正的居住需求转变为无效需求。而当经济下行,煤炭工业受阻,投机性资金不再源源不断投入房地产市场后,市场仅剩这些无效的居住需求,在房价未大幅下降时,无疑进一步加深了上面所提到的供需矛盾。

3.民间借贷危机导致房地产企业资金链条断裂

2011年下半年开始,宏观经济开始面临下行压力,经济的趋冷使得煤炭需求大幅减少。作为以煤炭发家并以此为支柱的能源城市,鄂尔多斯遭遇到了沉重的打击。煤炭的大幅跌价和煤炭企业的大面积停工,使得民间资本失去了最重要的来源,更危险的是投资于煤炭领域的民间借贷开始面临血本无归的信用风险。而依托于民间借贷发展起来的鄂尔多斯其他产业,例如众多中小企业,也在缺乏民间资本的继续支撑后纷纷倒闭,这些企业的倒闭必然会使投资于这些领域的民间高利贷颗粒无收,这无疑让鄂尔多斯因一夜暴富而悄然兴起的民间借贷业爆发了前所未有的信用危机。以2011年苏叶女案为标志,鄂尔多斯的民间借贷从此陷入了空前的乱局。

同样,作为"鄂尔多斯模式"的第三环,房地产业也受到了民间借贷危机的严重冲击。据统计,由于当地金融市场的不发达导致融资渠道短缺,鄂尔多斯房地产企业的资金80%以上来自于民间借贷,而民间借贷危机的爆发对于资本密集型的房地产市场造成了致命打击。房地产企业资金链条发生断裂,无力继续支撑项目的施工建设,致使大量楼盘停工闲置。房地产业停工、停售的萧条使开发商无法正常回笼资金以偿还民间借贷的本利,进一步加深了民间借贷的危机。同时,为了以房屋作为抵押获得信托公司等金融机构的救急款项,一些房地产开发商坚守高房价,拒不在房价上让步,形成了如今有价无市的尴尬局面。正是由于鄂尔多斯民间借贷与房地产市场的息息相关和生死与共的错综复杂关系,让这场民间借贷和房地产的困局越陷越深。

4.国家收紧对房地产业的宏观调控

2011年,国家进一步出台了严厉的房地产调控措施,坚决遏制投机性房地产需求。具体表现在商业银行的银根缩紧,首套和二套房贷首付比率进一步提高,二套以上不予贷款,这无疑削弱了鄂尔多斯的住房购买力,投机性需求显著降低,住房销售量进一步下降;同时,房地产企业从商业银行取得贷款变得难上加难,很长一段时间几乎是得不到任何贷款。虽然商业银行贷款相较于民间借贷并不是鄂尔多斯房地产发展的主力资金,但其全面收紧会给已经濒临危机的房地产业进一步打击。在商业贷款全面收缩和民间借贷全面崩盘的现实压力下,鄂尔多斯的房地产不得不走入寒冬。

5.地方政府好大喜功,大搞建设

距鄂尔多斯市中心东胜区30公里的地方就是康巴什新区,是经大量媒体报道过的著名的"鬼城"。康巴什新区是地方政府耗重资打造的新区,如今却充斥着大量空置的住房,这里就是鄂尔多斯房地产困境的缩影。这是地方政府单纯追求GDP的增速以及城市的扩张、不顾实际城市化水平和真实居住需求、忽略客观经济规律的恶果。地方政府在鄂尔多斯这场房地产市场浩劫中可谓是难辞其咎。

三、鄂尔多斯房地产市场困境的对策与教训

鄂尔多斯作为三四线城市中的典型代表,在房地产市场中遭遇到了几近崩盘的窘境,无疑给其他城市敲响了警钟。本文接下来会针对第二部分所分析的鄂尔多斯房地产业困境的成因,进一步探讨走出困境的对策,也可作为其他城市参考的经验教训。

1.优化产业结构,合理疏导民间资本

任何一个经济发达的城市和国家都不是靠资产泡沫所支撑的,实体经济的先行发展,产业结构的优化合理,金融和服务业的逐步健全,才是经济发展之本。如今的鄂尔多斯所要思考的问题,是如何深化城市的文化底蕴,如何升级产业结构,而不是再继续做一夜暴富的美梦。产业结构的优化升级可以包括利用资源优势,拓展科技创新,建立煤炭深加工产业链,吸引更多的技术型人才和外来投资。同时,人才的到来也能带动房地产需求的增长,多渠道产业的发展也能合理疏导民间资本,使民间资本不再高度集中于房地产业、推高做虚房地产价格。

2.遏制投机性购房行为

投机性购房推高不真实房价,使得真实需求变为无效需求,造就房地产市场泡沫,使其面临崩盘的风险,这些危害我们已经在第二部分分析过。因此,遏制投机性购房行为便成为了引导鄂尔多斯楼市正常健康发展的关键。因此,一方面要合理疏导民间资本,使民间资本的投资渠道不再局限于房地产领域;另一方面,政府可出台房产税,运用经济手段而不是限购等政治手段调控房地产市场,对于投机性需求的遏制可能会起到更好的效果。

3.寻找多元化的融资模式

鄂尔多斯房地产企业在民间信贷危机和商业银行银根收紧后,面临着空前的资金困境,寻找其他有效的融资途径、盘活整个房地产市场,成为迫在眉睫的事情。房地产信托和去年才在中国市场兴起的不动产基金也许可以成为房地产企业融资的新模式,为冰封的鄂尔多斯房市注入新的活力。

4.引导闲置房改建保障房,满足居住性需求

在当前鄂尔多斯尖锐的供需矛盾下,一方面是价格高如空中楼阁的空置商品房,一方面是急需住房却资金不足的居民,如果能将这两种供需建立起联系,那么鄂尔多斯的楼市复苏也许会见到曙光。政府可对已经在建的项目进行合理引导和回购,根据户型改为廉租房、公租房和经济适用房等保障性住房,满足一般民众的住房需求,同时也能减少房屋的空置率。

四、结 论

本文结合宏微观经济形势,依据房地产金融基础理论,分析了2011年下半年以来鄂尔多斯市房地产市场困局形成的原因。房地产市场供应量严重超出需求规模,投机性资金推动房价虚高,民间借贷危机的连带反应,国家严厉的房地产调控政策,以及地方政府不加节制的开发是导致鄂尔多斯楼市走入寒冬的主要原因。同时,本文还针对这些成因,提出了相关对策及教训,如产业结构升级、疏导民间资本、遏制投机性需求、寻求多样化融资途径以及改建保障房等,可供其他城市特别是三四线城市的房地产发展实践参考。

参考文献

[1]邓宏乾.房地产金融[M].上海:复旦大学出版社.

[2]邓海建.疯狂的鄂尔多斯:一则民间借贷的寓言[J].观察与思考,2011(11):4.

[3]高素英.鄂尔多斯房产僵局[J].证券市场周刊,2011(44):16-22.

[4]韩令国.三四线楼市泡沫,鄂尔多斯不是特例[J].城市住宅,2012(5):24-35.

[5]康雪燕.鄂尔多斯市民间投资发展现状及思考[J].内蒙古金融研究,2012(6):32-33.

[6]邱军.楼市降价潮之鄂尔多斯[J].安家,2011(12):76-77.

[7]赵晓.房地产市场何去何从[J].中外管理,2011(11):18-19.